Der Einfluß mangelhafter elektrischer Anlagen auf die Feuersicherheit besonders in der Landwirtschaft

Von

K. Schneidermann
Berlin

Fünfte, erweiterte Auflage

Mit 47 Textabbildungen

Springer-Verlag Berlin Heidelberg GmbH

1929

ISBN 978-3-662-38774-0   ISBN 978-3-662-39672-8 (eBook)
DOI 10.1007/978-3-662-39672-8

Erweiterter Sonderabdruck aus „ETZ", Elektrotechnische Zeitschrift, 44. Jahrgang 1923, Heft 16.

(Springer-Verlag Berlin Heidelberg)

Softcover reprin of the hardcover 5the edition 1929

Geleitwort.

Von dem Vorsitzenden des Fachausschusses für Installationstechnik des Elektrotechnischen Vereins bin ich gebeten worden, dem vorliegenden Abdrucke des Vortrages des Herrn Oberinspektor Schneidermann ein paar Worte vorauszuschicken. Ich glaube diesem Wunsche am besten dadurch zu entsprechen, daß ich die Gesichtspunkte noch einmal hervorhebe, die in der auf diesen Vortrag folgenden Aussprache seinerzeit von mir betont worden sind.

Für denjenigen, der bisher den in dem Vortrag behandelten Fragen mehr oder weniger fremd gegenübergestanden hat, könnte es beinahe den Anschein haben, als ob die Elektrizität an sich als besonders gefährliche Kraftquelle anzusehen sei. Weder der Vortragende, der, wie mir bekannt, die allgemeine Einführung der Elektrizität in der Landwirtschaft nur fördern will, noch der Vertreter unserer Elektrizitätswerke und der Landwirtschaft selbst sind dieser Meinung. Gegen die Elektrizität selbst und deren allgemeine Anwendung haben die Darstellungen des Herrn Verfassers so gut wie nichts gebracht, sie bilden nur ein Dokument dafür, daß schrankenlose Freiheit und die Verwilderung eines vier- bis fünfjährigen Krieges uns um Jahrzehnte zurückgeworfen haben, und daß es lange dauern wird, bis es uns gelungen ist, wieder normale Zustände zu schaffen. Im übrigen glaube ich sagen zu dürfen, daß nicht nur in unserem Lande solche Übelstände sich gezeigt haben, sondern daß die Wirkungen des Krieges auch auf die Verhältnisse in anderen Ländern in gleicher Weise übergegriffen haben, die durch den Krieg nicht unmittelbar betroffen waren und die heute dessen Folgen ebenso zu beseitigen suchen wie wir in Deutschland.

Jedem im praktischen Leben Arbeitenden ist bekannt, daß Verstöße, wie sie uns heute vorgeführt worden sind, auch in vernünftigen Zeiten vereinzelt festzustellen waren; in Zeiten, wie wir sie hinter uns haben und noch durchleben müssen, sind sie leider beinahe zur Regel geworden und schwer wieder auszurotten. Jeder, der während dieses Krieges Installationen zu überwachen hatte, hat die Verwilderung beobachtet, die durch die sogenannte feldgraue Installation allmählich eingerissen ist, jeder fühlte sich berechtigt, zu installieren und dabei zu tun und zu lassen, was er wollte, unbekümmert um jede Vorschrift und jede Vernunft. Solange eine bessere Mentalität sich nicht bei uns einstellt, werden diese Verhältnisse nur langsam sich bessern, es liegt eben nicht an der Sache, sondern an den Menschen.

Die Elektrizitätswerke, die in den letzten Jahren bezüglich der Konzessionierung der Installateure nicht gleiche Freiheit hatten wie früher und infolge des Krieges manche Rücksicht walten lassen mußten, der an sich die Berechtigung fehlte, sind nun fest entschlossen, die Zügel straffer anzuziehen. Sie werden hierbei unterstützt durch die Feuerversicherungsgesellschaften und die landwirtschaftliche Berufsgenossenschaft, von denen die Hilfe der letztgenannten besonders wertvoll ist, da sie Strafbefugnisse besitzt, und ich möchte hoffen, daß die Berufsgenossenschaft, wenn schwere Verfehlungen gegenüber den allgemeinen Errichtungsvorschriften festgestellt werden, energisch und schonungslos vorgeht.

Die in dem Aufsatze vorgeführten Bilder waren zum Teil recht charakteristisch, vor allem das Bild, das die Würgestelle zeigte, die an der Brandstelle sich vorfand.

Würgeverbindungen in Rohren sind aber nach den Errichtungsvorschriften verboten. Es liegt also auch hier ein grober Verstoß bei der Arbeit vor. Aus unseren Erfahrungen bei den Umschaltungsarbeiten in Berlin kann ich hierzu mitteilen, daß beinahe die einzigen Fehler, die bei Erhöhung der Betriebsspannung von 110 auf 220 Volt aufgedeckt wurden, und die bei Einführung der höheren Spannung auch sofort zutage traten, Würge- und Lötstellen in Rohren waren. Diese Fehler haben sich aber stets ganz harmlos ausgeschaltet, weil richtige Sicherungen den betreffenden Stromkreis schützen. Ist aber keine Sicherung vorgeschaltet, oder eine vorhandene Sicherung überbrückt, wie es ja auf dem Lande die Regel zu sein scheint, dann besteht unmittelbare Feuersgefahr, und ich möchte die Organe der Versicherungsgesellschaften und die Vertreter der Berufsgenossenschaften dringend bitten, alles zu tun, damit das Bewußtsein der absoluten Notwendigkeit ordnungsmäßiger Sicherungen auch den Landwirten fühlbar eingehämmert wird.

Mit dem Herrn Verfasser stimme ich darin überein, daß der landwirtschaftliche Betrieb für unsere ganze deutsche Wirtschaft so bedeutsam ist, daß es sich lohnen würde, gewissermaßen ein Spezialmaterial für die Landwirtschaft zu schaffen. Ich halte das nicht einmal für schwierig und glaube auch, daß die Installation mit einem zuverlässigen, sogar relativ teuren Spezialmaterial billiger wird als die jetzt übliche Installationsweise, wenn man sich auf das Notwendigste beschränkt und wenn diejenigen, die die Anlagen auszuführen haben, nicht ihren Ehrgeiz darin suchen, möglichst viele Verbrauchstellen, Lampen und Leitungen zu installieren. Unüberlegte ziellose Installation ist mit eine Hauptursache der Mängel in landwirtschaftlichen Anlagen.

Ein Material, das für die Landwirtschaft bestimmt ist und den in diesem Betriebe unvermeidlichen Beanspruchungen schadlos ausgesetzt werden kann, muß natürlich entsprechend kräftig gebaut sein. Man wird hierbei zwei Möglichkeiten zu unterscheiden haben: einmal das metallgepanzerte Material, das gewöhnlich in Gußgehäuse für schwere Betriebe eingebaut wird, anderseits ein Material mit isolierendem Schutz. Das metallumhüllte Material muß geerdet werden, die Erdung selbst bedingt aber wieder erhebliche Kosten. Das isolierend geschützte Material bedarf keiner Erdung und ist mechanisch auch sehr sicher herzustellen. Wenn die Landwirtschaft ihre Aufgaben stellt und auf deren Erfüllung drängt, so bin ich überzeugt, daß die Industrie bald ein Spezialmaterial für sie herstellen wird, das alle Wünsche erfüllt.

Inzwischen sind die maßgebenden Kreise nicht untätig geblieben. Von dem Verbande deutscher Elektrotechniker und der Vereinigung der Elektrizitätswerke sind unter Hinzuziehung aller interessierten behördlichen und privaten Stellen Merkblätter für die Errichtung landwirtschaftlicher Anlagen und über die Behandlung von Starkstromanlagen in der Landwirtschaft herausgegeben und in den betroffenen Kreisen verbreitet worden. Die Durchführung einer verstärkten Überwachung hat bereits eingesetzt und damit ist eine Gewähr dafür gegeben, daß, sobald wie praktisch durchführbar, mit noch bestehenden mangelhaften Anlagen aufgeräumt wird. Das ist aber nur die eine Seite der zu lösenden Aufgaben; die zweite liegt in der dauernden Fühlungnahme mit den landwirtschaftlichen Kreisen durch Ausbildungs- und Unterweisungskurse und in der Durchdringung der maßgebenden Stellen in der Landwirtschaft mit technischem Verständnis, dann wird sich zum Vorteil unserer ganzen Wirtschaft der Zustand allmählich einstellen, der eine volle Sicherheit auch für die landwirtschaftlichen Anlagen gewährleistet.

Berlin, im Juni 1923.

Dr. Passavant,
Verwaltungsdirektor
der Vereinigung der Elektrizitätswerke

Vorwort zur fünften Auflage.

Die Erfahrungen haben gezeigt, daß die Aufklärungsarbeit durch Wort und Schrift nicht ohne Wirkung geblieben ist. Inzwischen sind in den letzten vier Jahren allein im Gebiet der Feuersozietät der Provinz Brandenburg — einschließlich der Grenzmark Posen-Westpreußen — über 400 aufklärende Vorträge mit Lichtbild und Film gehalten worden. Eine Anzahl Anträge liegt noch vor.

Der Filmbestand der Feuersozietät ist durch einen Film, der die Folgen der unsachgemäßen Bedienung elektrischer Heiz- und Kochapparate zeigt, vergrößert worden. Nach den gemachten Erfahrungen muß auch hierin noch weit mehr aufgeklärt werden.

Zu der besseren Installation, besonders in der Landwirtschaft, tragen auch die inzwischen besser durchkonstruierten Zubehörteile und die Verlegung von zweckmäßigen Leitungsmaterialien bei.

Erfreulicherweise ist der Bekämpfung des Pfuschertums immer mehr Beachtung geschenkt worden. Durch das unermüdliche Vorgehen des Reichsverbandes Deutscher Installationsfirmen haben nicht nur das Installateurgewerbe, sondern auch die Stromabnehmer und diejenigen Firmen, die zweckmäßige Zubehörteile herstellen usw., Nutzen.

Es wurde schon einmal darauf hingewiesen, daß bei der Gewährung von Vergünstigungen zu den Kosten der Umänderung alter elektrischer Anlagen von seiten der Feuersozietät der Provinz Brandenburg streng darauf geachtet wird, daß die Umänderungen von zugelassenen Installateuren ausgeführt sein müssen. Hierdurch wird mancher Pfuscher entdeckt und unschädlich gemacht, aber mancher Besitzer hatte das Nachsehen, da ihm die Vergünstigung versagt werden mußte. Es darf wohl heute angenommen werden, daß nach den vielen Bekanntmachungen in alle Kreise durchgedrungen sein muß, daß das Installieren und Umändern von Anlagen nur von zugelassenen Firmen ausgeführt werden darf. Jedenfalls hat sich dieses Mittel als sehr wirksam erwiesen. In dem Museum der Feuersozietät der Provinz Brandenburg in Berlin, Am Karlsbad 3, das kürzlich der Öffentlichkeit freigegeben worden ist, sind auch von Pfuschern gefertigte Anlagenteile zu sehen.

Berlin, im April 1929.

Karl Schneidermann.

Übersicht. Die fortgesetzten Schäden in der Landwirtschaft, bei denen vielfach vorschriftswidrige oder nach noch nicht ausreichenden Vorschriften ausgeführte elektrische Anlagen als Brandursache festgestellt werden konnten, nahmen in den Jahren nach dem Kriege erheblich zu. Der Verband öffentlicher Feuerversicherungsanstalten in Deutschland wandte sich auf Betreiben der öffentlichen Feuerversicherungsanstalten, besonders der Land-Feuersozietät der Provinz Brandenburg an den Verband Deutscher Elektrotechniker mit der Bitte um Mitwirkung bei seinen Bestrebungen, um Abstellung der Mängel und Herausgabe neuer Vorschriften für die Errichtung von Starkstromanlagen in der Landwirtschaft unter Berücksichtigung der in den letzten Jahren gemachten Erfahrungen. Der nachfolgende Vortrag wurde auf Wunsch des Elektrotechnischen Vereins gehalten.

Die gewaltigen Schäden in der Landwirtschaft veranlassen die Feuerversicherungsanstalten, Maßnahmen zu treffen, um die Brände, soweit dies nur möglich ist, einzudämmen. So werden z. B. für Feuerlöschzwecke, für Gebäudeblitzschutz und Überwachung, auch für Prüfung der elektrischen Anlagen usw. von den öffentlichen Feuerversicherungsanstalten, jährlich beträchtliche Summen zur Verfügung gestellt. Es hat sich gezeigt, daß das Geld hierfür gut angelegt ist.

Um ein einigermaßen klares Bild über die Entstehungsursachen zu gewinnen, wird nach den Bränden die Ermittlung nach den einzelnen Ursachen stets so weit wie möglich angestellt. Leider läßt sich gerade bei größeren Bränden die Ursache oft nicht mehr feststellen.

Unbedeutend erscheint in der Statistik die Zahl der durch elektrische Anlagen hervorgerufenen Brände. Da aber in der Regel Scheunen, Ställe, Stroh- und Heuböden in Frage kommen, handelt es sich hier meist um größere Brände und größere Schäden. Auffallend erhöht sich seit dem Jahre 1915 die Zahl der unermittelten Brände. Im Gebiet der Land-Feuersozietät der Provinz Brandenburg allein erhöhte sich seit dieser Zeit die Zahl dieser Brände jährlich um 200 bis 250. Zweifellos entfallen hierunter eine Anzahl Brände, bei denen die Ursache in den mangelhaften und vielfach feuergefährlichen elektrischen Anlagen zu suchen ist. Immerhin ist es gelungen, im letzten Jahre bei mehreren, auch bei größeren Bränden als Entstehungsursache die elektrische Anlage einwandfrei z. T. unter vielen Zeugen nachzuweisen.

Die Werte, die durch diese Brände im Jahre 1921 im Sozietätsgebiet vernichtet worden sind, betragen etwa 6 Millionen Mark.

Als vor vielen Jahren, um das Jahr 1900 herum, hauptsächlich die elektrische Beleuchtung und vereinzelt auch die elektrische Betriebskraft in der Landwirtschaft einsetzte, sah man diesen Neuerungen optimistisch, und zwar mit Berechtigung entgegen. Die Feuerversicherungsanstalten erkannten die Vorteile, die die elektrischen Licht- und Kraftanlagen anderen Beleuchtungsarten und Kraftmaschinen gegenüber hatten. Ein Zeichen dafür war, daß die Anstalten bei diesen Einrichtungen Beitragsermäßigungen gewährten. Nach einigen Jahren kam es jedoch anders. Leider zeigten sich schon vor dem Kriege, in den Jahren 1912 und 1913, auch bei diesen Einrichtungen hauptsächlich in den weniger gut gebauten Anlagen Gefahrenquellen, und die Beitragsabschläge konnten nicht mehr gewährt werden. Durch die Kriegsanlagen mit den Ersatzmaterialien und durch das Einsetzen des Pfuschertums wurden gerade in der Landwirtschaft viele feuergefährliche Anlagen errichtet. Leider werden aber heute, drei Jahre nach dem Kriege, noch viele Anlagen installiert, die viele Gefahrenquellen haben. Auf die bedenklichsten will ich nun näher eingehen.

Zu den meisten Störungen und Bränden geben die Durchführungen der Leitungen durch die Wände und durch die feuchten Stalldecken Anlaß. Die Leitungen (Phase und Nulleiter oder bei Gleichstrom die beiden Pole) werden sehr oft in einem gemeinsamen Isolierrohr durch die Decken und Wände geführt. Durch die Deckenöffnungen ziehen die Ammoniakdämpfe usw. hoch und greifen die Schutzrohre schon nach kurzer Zeit an. Die äußere Hülle der Isolierrohre, denn gewöhnlich ist es verbleites Eisenrohr, rostet sehr bald durch. Dann sind in der Regel die Rohröffnungen nicht verkittet, so daß auch die Dämpfe in den Rohren hochziehen können. Die Isolation der Leitungen beginnt zu faulen.

Abb. 1 zeigt eine Deckendurchführung vom Schweinestall zum Stroh- und Heuboden. Die Phase und der Nulleiter waren in einem Rohr durch die Stalldecke geführt. Die Leitungen lagen etwa $^3/_4$ Jahr. Bei meiner gelegentlichen Anwesenheit auf dem Gehöft fand ich die gesamte Anlage bereits spannungslos vor. Der Besitzer hatte bemerkt, daß das auf dem Heuboden befindliche Schutzrohr bereits starken Schluß hatte und ziemlich warm war. Im Einvernehmen mit dem Besitzer wurde die Leitung von der Einführung von der Stalldecke ab bis etwa 2 m auf dem Heuboden herausgeschnitten. Meine Vermutung, daß die Leitung durch die eintretenden Dünste bereits stark angegriffen sein mußte, traf zu. Die Anlage bekam ich nur durch Zufall zu sehen, da die kleineren Anlagen von der Land-Feuersozietät bis heute nur von Fall zu Fall geprüft werden oder nur, wenn besondere Bedenken die Prüfung erfordern.

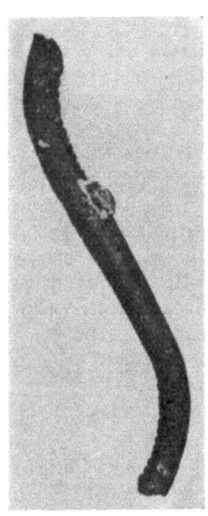
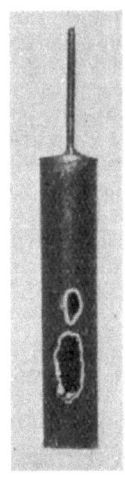

Abb. 1. Deckendurchführung. Schutzrohr nach $^3/_4$ Jahren durchgerostet.

Abb. 2. Deckendurchführung. Schluß dicht über dem Fußboden.

Abb. 3. Deckendurchführung. Isolierrohr und Leitungsisolation bereits abgefault.

Abb. 2 zeigt eine durch Kurzschluß beschädigte Leitungsdurchführung in Peschelrohr durch die Decke eines Jungviehstalles zum Heuboden, der im Juli 1920 abbrannte. Es handelt sich hier um eine im Jahre 1912 errichtete Gleichstromanlage mit einer Spannung von 110 V. Die Schlußstelle ist genau erkenntlich. Die Leitungsisolation (Friedensware) war 4 m lang in dem Isolierrohr nach und nach verfault. Man sieht hieran, daß nicht einwandfrei verlegte Anlagen oft viele Jahre liegen können, bevor sie zu Störungen und Schäden führen.

Abb. 3 zeigt die Durchführung vom Viehstall zum Heuboden durch eine ziemlich große Öffnung. Das Schutzrohr sowie die Leitungen fand ich in fast schwammiger Verfassung vor. Die Isolation der Drähte war an einigen Stellen bereits gänzlich entfernt.

Nur durch die rechtzeitige Feststellung ist weiterer Schaden verhütet worden. Leider sind Tausende von Anlagen in dieser bedenklichen Weise vorhanden. Es handelt sich keineswegs um Einzelfälle, was ich besonders hervorheben möchte.

Abb. 4 zeigt eine vor etwa acht Jahren errichtete Anlage. Am Fußpunkte des Rohres sammelten sich die Niederschläge an und zerstörten die Isolation. Das durch die Wand geführte Rohr war eingegipst. Dies ist ein Fehler, denn Gips saugt die Feuchtig-

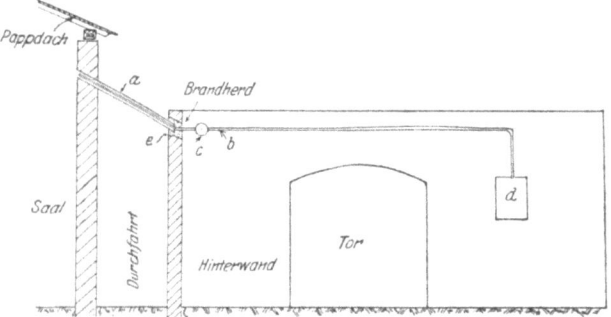

Abb. 4. Scheunenbrand. Vorschriftswidrige Leitungseinführung.

keit auf und fault. Die darin lagernden Metallteile usw. werden dann zerstört. Am 16. Juli v. J. brannte während des Betriebes die Scheune herunter. Es handelt sich hier um eine Lohndrescherei. Sieben Zeugen konnten einwandfrei die Entstehungsursache bezeugen. Obwohl genügend Hilfskräfte sofort zur Verfügung standen, griff das Feuer aber so schnell um sich, daß weder der Motor noch sonst etwas aus der Scheune gerettet werden konnten. Scheunenbrände sind in der Regel Totalschäden. Abb. 5 zeigt die Durchgangsscheibe aus dieser Anlage mit den zusammengewürgten Verbindungen. An einer Phase kann es nicht einmal mehr als Würgestelle bezeichnet werden. Die Enden waren einfach eingehakt. Außerdem ist an dem Stück Rohr, das in der Wand verlief, die Schmorstelle zu sehen.

Besonders bedenklich ist die Verlegung von Licht- und Kraftanlagen auf Stroh-, Heu- und Häckselböden und die Aufstellung der Motoren unter Holztreppen, die zu vorgenannten Räumen führen. Die Aufstellung eines Motors unter einer zum Heuboden führenden Treppe, sowie Schalter, Sicherungen und die zum Motor in gewöhnlichem, mehrfach gebrochenem Isolierrohr verlegten Leitungen zeigt Abb. 6. Der unter der Treppe stehende Motor (Abb. 7) wurde mit einer hohen Rauhreifschicht vorgefunden. Die gesamte Installation der Kraftanlage und die Aufstellung des Motors ohne jeden Schutz unter der Treppe ist in jeder Beziehung feuergefährlich. Hierbei sei gleich bemerkt, daß Heuböden in der Regel als trockene Räume angesehen werden. Dies ist nicht der

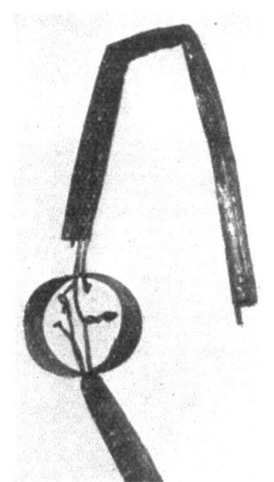

Abb. 5. Durchgangsscheibe mit liederlichen Leitungsverbindungen, zu Abb. 4 gehörig.

Fall. Erstens schwitzt das Heu und zweitens finden im Winter auf den Böden, hauptsächlich auf solchen mit Ziegeldächern, bei Witterungswechsel ganz beträchtliche Niederschläge statt. An den Schutzrohren hängen oft unzählige Wassertropfen, und im Winter sind sie stark befroren. Die Metallhülle der Schutzrohre rostet durch, die Feuchtigkeit greift von der Rohrisolation zu den Drähten über, und die Zerstörung geht weiter. Abb. 8 zeigt ein Stück von einem zerstörten Rohrmantel von einer Anlage auf einem Heuboden. Es handelt sich um eine etwa acht Jahre alte Anlage mit Friedensmaterial. Ungeschützte Sicherungselemente sind auf diesen Böden in der Regel mit Heu zugepackt, und vorschriftswidrige Verteilungsscheiben wer-

3

den hier oft vorgefunden. Die Porzellankörper in den Scheiben sind oft überhaupt nicht befestigt. Diese Verlegungsart ist immer bedenklich. Nicht zu unterschätzen ist auf Heuböden die Gärung des Heues. Bei 70° fängt es an zu gären und es bilden sich Gase. Aus 1 kg Heu, besonders Braunheu, entwickeln sich z. B. über 70 l leichtentzündliche Gase, ohne daß es anfängt zu kohlen. Funkenbildungen müssen in elektrischen Anlagen auf alle Fälle vermieden werden.

Abb. 6. Aufstellung eines Elektromotors unter der Heubodentreppe.

Die Aufstellung von Motoren zum Häckselschneiden oder für Höhenförderer geschieht häufig in einer feuergefährlichen Weise. Wenn auch von vornherein die Sache nicht so bedenklich aussieht, so ändert sich der Zustand oft sehr bald. Es fehlen die Schutzkästen über den Motoren, oder dieselben werden nach Reparaturen usw. nicht wieder darauf gesetzt. Die Motoren sind oft sehr verstaubt, und oft sind sie mit Heu, Stroh oder Häcksel umgeben. Es hat sich herausgestellt, daß bei genügend großer Bemessung der Kästen die Erwärmung der Motoren kaum beeinträchtigt wird.

Die Anlasser, Schalter und Sicherungen sind in diesen Räumen vielfach ungeschützt und unmittelbar auf den Holzkonstruktionen befestigt. Verkohlte Stellen hinter Sicherungselementen und Anlassern oder Schaltern sind keine Seltenheit. Es brennt ja nicht jedesmal gleich das ganze Gebäude ab.

Abb. 7. Vereister Motor unter der Heubodentreppe.

Zu vielen Bränden geben die Licht- und Kraftanlagen in den Scheunen Anlaß. Hier laufen die Leitungen oft ungeschützt kreuz und quer durch Stroh, obwohl sie zweckmäßiger hätten verlegt werden können. Auch die Apparate sind in den Scheunen oft sehr fahrlässig angebracht. Abb. 9 zeigt die Einrichtung einer Kraftanlage für einen 35-PS-Motor in einer großen Feldscheune.

Nächstens baut man noch ganze Zentralen in die Scheunen ein. Schalter, Sicherung, Zähler, nichts ist feuersicher abgeschlossen und dabei alles von Stroh oder Getreide umgeben. Die Steckdose befindet sich außerhalb der Scheune. Man sieht hier die vielen Verbindungen, und besonders gut verlegt sind die Leitungen nicht. Ich habe festgestellt, daß der angebrachte Schalter nie gebraucht wird; derselbe blieb bis vor kurzer Zeit immer eingeschaltet.

Abb. 8. Verrosteter Schutzrohrmantel von einem Heuboden (Friedensware).

Aber noch nicht genug; das etwa ½ km von der Scheune entfernt liegende Postgebäude hat kürzlich von der Scheune aus einen Lichtanschluß bekommen. Durch eine vorschriftswidrige Abzweigung, die auf Abb. 10 teilweise zu sehen ist, sind die Leitungen außen zum Mast geführt. Eine weitere, aber schon etwas bessere von den vielen bedenklichen Kraftanlagen in Scheunen, zeigt die Abb. 11. Der Motor steht in einem schon nach kurzer Zeit verfallenen gemauerten Raum. Von den teilweise von den Besitzern selbst gemauerten Gelassen drohen viele dem Einsturz oder Herabfallen. Abb. 12 zeigt einen außerhalb der Scheune gefertigten Gelaß.

Besonders bedenklich ist in diesen Räumen die Verlegung von vorschriftswidrigen Verteilungs- und Anschlußscheiben. Auf feuersichere Zubehörteile und deren sachgemäße Anbringung wird in der Regel keine Rücksicht genommen. Auch der Besitzer

Abb. 9. Kraftanlage in einer Großscheune.

Abb. 10. Vorschriftswidrige Abzweigung der Lichtleitung von der Kraftleitung.

nimmt beim Einfahren des Getreides keine Rücksicht und packt beim Einfahren der Ernte alles zu.

Abb. 13 zeigt die Konstruktion und das Innere einer Verteilungsscheibe. Viele Tausende von solchen Scheiben befinden sich auf Heu- und Strohböden und in Scheunen. Der Porzellankörper ist lose und der Deckel ist blank. Die Gefährlichkeit dieser Teile liegt klar auf der Hand. Oft genug werden die Scheiben unter Heu und Stroh verpackt ohne Deckel vorgefunden. An dieser Stelle soll gleichzeitig darauf hingewiesen werden, daß lose Kontakte in Verteilungsscheiben, Abzweigklemmen, Sicherungselementen usw. nicht nur zu Störungen, sondern auch zu Bränden, besonders in Räumen mit leicht entzündlichen Gegenständen, weit mehr Anlaß geben, als vielfach angenommen wird. Durch Kurzschluß werden kaum mehr Brände angerichtet als durch lose Kontakte. Man betrachte nur nochmals die Anlage in der großen Scheune (Abb. 9). Beim Zuschlagen der großen Türen wird es nicht ausbleiben, daß sich Leitungsanschlüsse lösen.

Durch die vorschriftswidrige Verteilungsscheibe, die Abb. 14 zeigt, entstand erst vor kurzer Zeit wieder ein Brand. Eine Scheune wurde, da der Besitzer längere Zeit krank lag und nicht dreschen konnte, mit fast vollem Inhalt am 3. November v. J.

eingeäschert. Die Schmorstelle ist deutlich auf dem Bilde zu erkennen. Der Vorgang war folgender: Der Motor, der zum Häckselschneiden benutzt wurde, fing langsam an zu laufen und blieb plötzlich stehen. In demselben Augenblick schlugen auch schon

Abb. 11.

Abb. 12.

die Flammen aus einer Öffnung dicht an der Verteilungsscheibe heraus. Die Einführung der Leitungen geschah in der Mitte der Scheune von der Hofseite aus. Nach der Einführung ins Innere der Scheune verliefen die drei Phasen innen rechts und links etwa je 10 m an der Mauer entlang, wurden dann heruntergeführt zu den außerhalb an der Scheune befindlichen Steckdosen. Es wird ohne weiteres zu erkennen sein, daß die Anlage ohne größere Kosten hätte feuersicher verlegt werden können. Nur durch die günstige Windrichtung während des Brandes blieben die übrigen Gebäude vom Brande verschont. Vier Monate vor dem Brande versagte die Anlage bereits infolge einer Schmorstelle in der verhängnisvollen Scheibe. Auf keinen Fall durfte seinerzeit die Anlage nur notdürftig in Betrieb gesetzt, sondern mußte sofort vorschriftsmäßig hergestellt werden.

Abb. 13. Verteilungsscheibe mit losem Porzellankörper.

Leider werden oft die Scheunen und sonstigen mit leichtentzündlichem Inhalt versehenen Räume nur als Durchgangsräume für Licht- und Kraftanlagen benutzt. Diese Verlegungsart ist auf alle Fälle zu verwerfen.

Abb. 15 zeigt die Durchführung einer Licht- und Kraftanlage durch die gesamten Wirtschaftsgebäude eines Rittergutes. Auf die noch weiteren wirtschaftlichen Nachteile, die diese Verlegungsart mit sich bringt, will ich nicht weiter eingehen.

Eine weitere bedenkliche Einführung von Leitungen in Räume mit leichtentzündlichem Inhalt ist die durch Dachständer. Die Erfahrungen haben gezeigt, daß diese Verlegungsart für diese Räume zu verwerfen ist. In der Regel befinden sich am Fußpunkte der Rohre Wassersäcke. Teilweise sitzen ungepanzerte Sicherungen dicht unter der Einführung. Durch die oft undichte und ziemlich schwierige Abdichtung an der Dachdurchführung wird das Rohr und die Holzkonstruktion im Innern ständig feucht gehalten. Das Rohr fängt an zu rosten, und das Gebälk verfault. Im Innern der Rohre sammelt sich durch die feuchten Niederschläge durch die verschiedenen Temperaturen Feuchtigkeit an, und die Zerstörung der Leitungsisolation geht vor sich. Der Fuß-

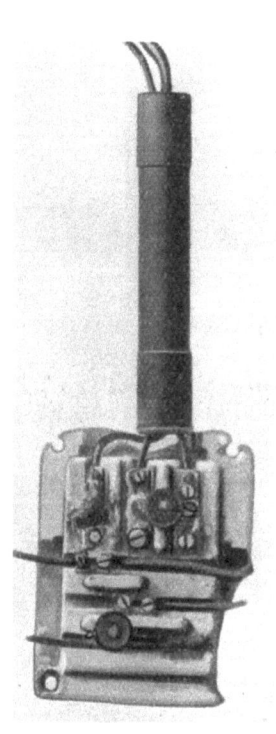
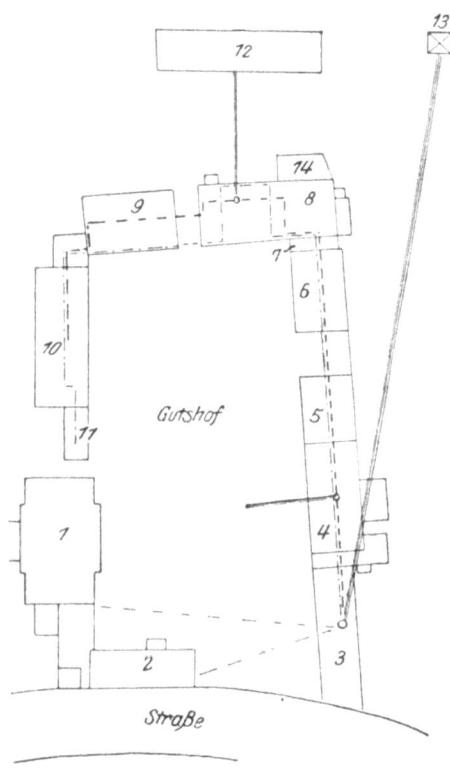

Abb. 14. Abzweigklemme (Tenacit) mit Schmorstelle.

Abb. 15. Bedenkliche Leitungsverlegung einer Licht- und Kraftanlage auf einem Rittergut.

punkt der Dachständer mit der Leitungsausführung ist fast immer mit Heu, Stroh oder Getreide umgeben. Dann ist wiederholt festgestellt worden, daß bei dieser schon bedenklichen Leitungseinführung beschädigte und teilweise mit Löchern von einem Durchmesser bis 16 mm versehene Dachständer verwendet worden sind. Abb. 16 zeigt den Dachständer einer abgebrannten Scheune mit 21 Löchern je 10 mm Durchmesser. 14 Löcher waren außerhalb des Daches. Das Regenwasser konnte sehr gut einlaufen. Beim Öffnen der Steckdose lief nach regnerischem Wetter nach Angabe des Besitzers, was auch ganz erklärlich ist, stets ein ziemlich starkes Quantum Wasser aus derselben heraus.

Nun hört man sehr oft, daß das Einführungsrohr aus Stahlpanzerrohr besteht und jede Gefahr ausgeschlossen sei. Dies ist nicht der Fall. Abb. 17 zeigt die gewaltige Wirkung des elektrischen Stromes. Über 2 m war das Rohr in dieser Weise zerstört. Es handelt sich hier um die Einführung von Leitungen mittels eines Dachständers, die zu der Verteilungstafel in einer Hanffabrik führten. An einem Sonntag schlug der Blitz in diese Leitung ein. Die Anlage war von Sonntag bis Dienstag außer Betrieb. Beim Einschalten entstand im Dachständer, der durch das Pappdach der Hanffabrik geführt war, Kurzschluß, und die Hanffabrik brannte ab. Jedenfalls waren durch den

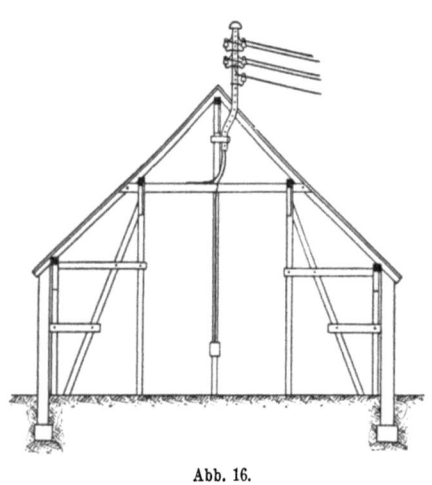

Abb. 16.

Abb. 17. Verschmorter Dachständer.

Blitzschlag die Leitungen im Gestänge beschädigt worden. Man sieht aber hieraus die Folgen dieser Einführungen. Auf die häufigen Dachständerbrände ist auch bereits vor kurzer Zeit in der „ETZ" hingewiesen worden.

Abb. 18. Würgestelle in einer in Rohr verlegten blanken Leitung (aus einer Brandstelle entnommen).

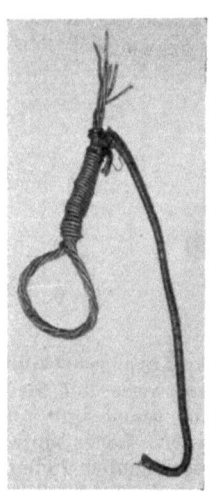

Abb. 19. Liederlicher Anschluß einer Dachständereinführung.

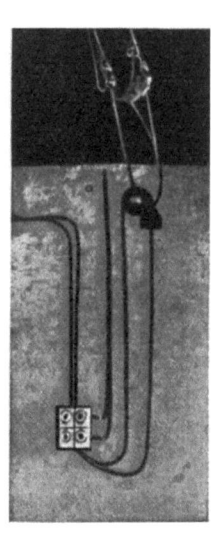

Abb. 20. Schutzrohre und Sicherungen, die mit Kaff zugedeckt waren.

In welch liederlicher Weise die Verbindungen oft hergestellt werden, auch an Leitungseinführungen an Dachständern, zeigen die Abb. 18 und 19.

Kurz erwähnen möchte ich die Installationen in Ställen und Futterkammern. In diesen Räumen treten häufig Störungen auf, sobald die Leitungen in Röhren verlegt worden sind. Die Futterräume, in denen meist dieselben Niederschläge wie in den Ställen stattfinden, werden oft als trockene Räume behandelt. Die Störungen zeigen sich aber immer sehr bald.

Die Motoren in feuchten Räumen, hauptsächlich in den Futterkammern, sind oft vorschriftswidrig und sehr unzweckmäßig angebracht. Sie sind dicht und ohne jeden Schutz unter der Holzdecke befestigt. Durch die starken Niederschläge schlagen

Abb. 21. Durchgeschmortes Kabel (Panzerader), das zu einem größeren Brande die Ursache war.

die dicht unter der Decke sitzenden Motoren öfter durch, was wiederholt zu Schäden Veranlassung gegeben hat.

Ferner sind die ungeschützten Sicherungen in diesen Räumen nicht selten in Stroh, Kaff usw. eingehüllt. In Abb. 20 erkennt man solche Mißstände. Außerdem waren hier die Sicherungen stark überbrückt.

Die Verwendung von vorschriftswidrigen und fehlerhaften Konstruktionen von Zubehörteilen sind oft genug von Einfluß auf die Feuersicherheit der Anlagen. Solche Teile werden aber mit Vorliebe ihrer Billigkeit wegen von nicht zuverlässigen Firmen oder von Nichtfachleuten verwendet.

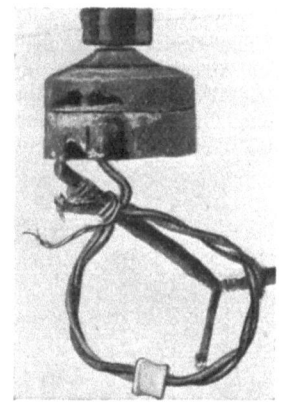

Abb. 22. Vorschriftswidriges Material aus einer Starkstromanlage eines Mühlengehöfts.

Leider werden fortgesetzt neue Konstruktionen von Zubehörteilen auf den Markt geworfen, die entgegen den bisher bewährten Teilen nur Nachteile aufweisen. In der Landwirtschaft müßten mit Rücksicht auf die derbe Behandlung und die Lagerung von meist leicht entzündlichen Gegenständen nur die besten Materialien verarbeitet werden. Dank der vom Verband Deutscher Elektrotechniker eingerichteten Prüfstelle wird hierin hoffentlich Wandel geschaffen. Nur gekennzeichnete Installationszubehörteile dürften verwendet werden. Vorschriftswidrige Materialien finden viel Absatz in Betrieben mit eigenen Zentralen und bei Nachinstallationen, die nicht von den stromliefernden Werken abgenommen werden.

Eine Gefahr werden bei den Kraftanlagen, auch wenn die Kraftsteckdosen außen am Gebäude feuersicher angebracht worden sind, die beweglichen Kabel sein. Einmal muß mehr Wert auf die Behandlung der Kabel von seiten der Besitzer gelegt, und bei den Prüfungen muß unbedingt verlangt werden, daß verschlissene Kabel mit mehreren Flickstellen gegen neue ausgewechselt werden. Dann ist es nun bald Zeit, daß endlich die niemals zugelassenen sog. Panzeradern gänzlich aus den Betrieben gezogen werden. Obwohl vom Minister für Handel und Gewerbe durch die Verordnung vom 23. Oktober 1923 diese Kabel mit Rücksicht auf die Brand- und Unfallgefahr verboten worden sind, findet man sie immer wieder vor. Abb. 21 zeigt ein Stück Kabel, das dicht unter der Kraftsteckdose, die sich außerhalb der Scheune (Hofseite) befand, Schluß bekam. Auf dem Hof des Gemeindevorstehers wurde gedroschen. Das ausgedroschene Stroh, das auch das Kabel an der Schlußstelle bedeckte, fing Feuer. Die Flammen erreichten sofort das weichgedeckte Dach der Scheune, die gänzlich eingeäschert wurde. Auch der Stall wurde bis zur Hälfte vom Feuer zerstört. Auf die Ausschaltung dieser Kabel muß auch von den landwirtschaftlichen Berufsgenossenschaften mehr geachtet werden.

Die Lebensdauer der Kabel hängt von der Güte des Materials und von der Behandlung ab. In den Gegenden, die bereits seit 15—20 Jahren elektrisiert sind, findet man noch sehr oft die ersten Kabel. Teilweise sind dieselben äußerlich noch gut erhalten, aber oft befinden sie sich in einem geradezu verwahrlosten Zustande. Die Feuergefährlichkeit ist hier offensichtlich. Aber auch in den alten, äußerlich noch gut erhaltenen Kabeln schlummert durch den inneren Verschleiß die Gefährlichkeit. Die Isolation der einzelnen Drähte hat nur eine bestimmte Lebensdauer. Hinzu kommt noch die derbe Behandlung. Es bleibt dann nicht aus, daß die Leitungsdrähte dicht aneinander zu liegen kommen. Schneidet man die alten Kabel durch, so findet man die Lage der Drähte vor, wie es Abb. 23 zeigt.

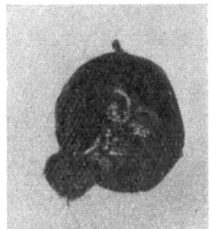

Abb. 23. Verschlissenes Kabel als Brandursache.

Abb. 24. Schlußstelle im Kabel.

Die äußeren Hüllen sind mit der Länge der Zeit auch durchlässig geworden. Da die Kabel oft tagelang bei Regenwetter auf den Gehöften herumliegen, dringt die Feuchtigkeit bis zu den Kupferseelen hindurch. Der Schluß kann nicht ausbleiben. Von Mitte September 1927 bis Anfang Dezember 1927 sind allein im Gebiet der Feuersozietät der Provinz Brandenburg vier größere Schäden durch bewegliche Kabel zu verzeichnen. Dadurch wurden 4 Scheunen, 1 Stallgebäude, große Erntevorräte und viele Gerätschaften vernichtet. Alle Brände entstanden während des Dreschens.

Abb. 25. Flickstelle im Kabel.

Die Schlußstelle, die zu einem Brande Veranlassung gab, zeigt Abb. 24. Es handelt sich um ein 17 Jahre altes Kabel mit einer Lederumhüllung. Die Drähte lagen innen, wie Abb. 23 zeigt, dicht beisammen. 15 cm von der Schlußstelle war die in Abb. 24 ersichtliche Flickstelle im Kabel. Beim Ausdreschen wurde das Stroh auf das auf dem Hofe liegende Kabel aufgehäuft. So kam es, daß durch den Schluß im Kabel plötzlich die Strohvorräte in Flammen standen. Auch die Scheune wurde ergriffen. Auf dem Nachbargehöft wäre beinahe ähnliches passiert. Der Besitzer hatte hier aber richtigerweise das Kabel während des Dreschens an einer massiven Mauer etwa 1,50 m vom Erdboden hoch aufgehängt. Er bemerkte den im Kabel aufsteigenden Rauch und schaltete sofort aus.

Ein großer Brand durch einen Kabelschluß entstand am 11. August 1921 in Oscht bei Königswalde N/M. Dem Brande fielen 4 Gehöfte mit 16 Gebäuden zum Opfer. Dabei lag das Kabel auf dem Hof und 4 m von der Scheune entfernt. Das in der Nähe der Schlußstelle befindliche Stroh entzündete sich und wurde vom Winde in die Scheune gefegt, die dann in Flammen hochging. Durch die ungünstige Windrichtung wurden die weiteren Gehöfte vom Brande ergriffen.

Auch bei Benutzung von vorschriftsmäßigen Kabeln muß entschieden vorsichtiger vorgegangen werden. Das Durchführen von Kabeln durch Scheunen müßte nach Möglichkeit ganz unterbleiben. Die Abb. 26 zeigt einen großen Brand auf einem

Rittergute in Ostpreußen. In der Mitte der Tenne hatte das sonst noch gut erhaltene und vorschriftsmäßige Kabel Schluß bekommen. Es hätte sich von vornherein sehr gut machen lassen, das Kabel bei Benutzung des Elektromotors zum Ausdrusch von Mieten um die Scheune herum und nicht durch dieselbe zu führen. Durch die Aufstellung eines weiteren Mastes wäre der Mangel behoben gewesen. Der durch den Brand entstandene Schaden beträgt über 61 000 RM.

Um Schäden durch bewegliche Kabel zu verhüten oder wenigstens einzudämmen, ist zusammenfassend folgendes notwendig:
1. Alte, offensichtlich bedenkliche und vorschriftswidrige Kabel, die bei den Prüfungen vorgefunden werden, sind zu verwerfen, und es sind neue Kabel zu fordern. Eine weitere Benutzung der bedenklichen Kabel muß untersagt werden.
2. Die Besitzer müssen bei Vorträgen und durch wiederholte Bekanntmachungen in geeigneter Weise auf die erforderliche Behandlung und Lagerung der Kabel beim Gebrauch hingewiesen werden. Bei den Aufklärungen und Bekanntmachungen muß besonders hervorgehoben werden, daß während der Benutzung keine leicht entzündlichen Materialien auf den Kabeln lagern dürfen, und daß die Lagerung der Kabel auf den Gehöften und in den Scheunentennen und ähnlichen Räumen mindestens 30 cm vom Erd- oder Fußboden entfernt zu geschehen hat.

Einsichtige Besitzer, die auf guten Zustand ihrer Anlage halten, haben vorstehendes schon von selbst seit Jahren beachtet.

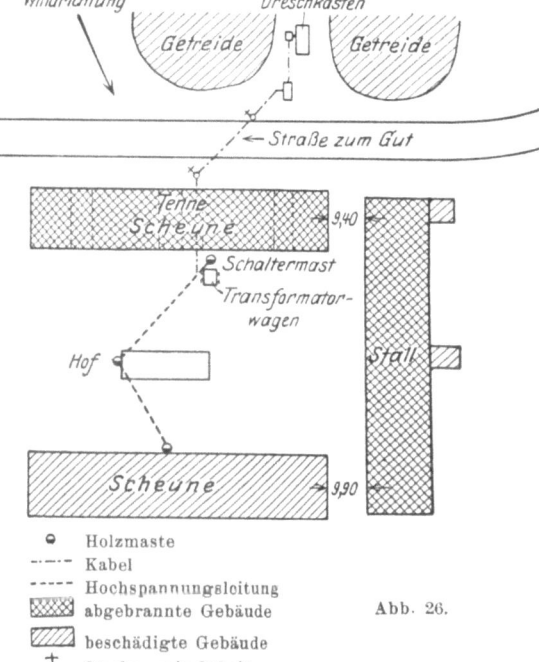

Abb. 26.

3. Da die Lagerung von leicht entzündlichen Materialien auf beweglichen Kabeln während des Betriebes feuergefährlich und fahrlässig ist, ist es angebracht, daß die Besitzer auch darüber unterrichtet werden, daß ihnen in solchen Brandfällen bei den Ersatzansprüchen von seiten der Feuerversicherungen Schwierigkeiten gemacht werden können.

Da die ortsfesten Motoren immer mehr den beweglichen Platz machen, sind die Hinweise auf die Kabelbehandlung um so dringlicher.

Abb. 22 zeigt etwas Material, das auf einem Gehöft mit einer Mühle, Wohnhaus, Stall und Scheune verwendet worden ist. Es handelt sich um eine eigene Zentrale, die von einem Nichtfachmanne, einem Schlosser, der keine Ahnung von einer Starkstrominstallation hatte, errichtet worden ist. Die Anlage wurde sofort spannungslos gemacht. Dem Unternehmer wurde durch den zuständigen Amtsvorsteher das Installieren von Starkstromanlagen verboten.

Abb. 27 zeigt ein Stück aus Heeresbeständen stammendes Schwachstromkabel. Dieses Material wurde als Lichtleitung in den Wirtschaftsgebäuden eines großen Rittergutes bei einer Spannung von 220 V Gleichstrom unter Leitung des Besitzers von zwei unkundigen Gutsarbeitern verlegt. Im Mai v. J. brannte der Stall des Gutes durch Kurzschluß im Kabel herunter, und zwar als die fortgesetzten Störungen in der Stallanlage von einem unkundigen Gutsarbeiter beseitigt werden sollten.

Abb. 28 zeigt ein Stück aus einer vorschriftswidrig verlegten Anlage, die der Grund zu einem Brande war. Der Viehstall und der gesamte Inhalt einschließlich 13 Stück Vieh wurden ein Raub der Flammen. Der Brand entstand hier wiederum, als ein Lehrling, der erst 1½ Jahr lernte, mit der Beseitigung eines Fehlers in der Stalleitung beschäftigt war.

Ich möchte hierbei die Installateure besonders darauf hinweisen, zur Beseitigung von Fehlern in Anlagen, besonders aber in solchen Räumen mit leicht entzündlichem Inhalt, nur tüchtige Monteure zu entsenden. Denn die Brände, die bei der Aufsuchung der Fehler entstehen, nehmen überhand. Die verbotenen und fahrlässigen Würgestellen in Schutzrohren sind bestimmt schon öfters die Ursache zu Bränden gewesen. M. E. ist leider bisher oft

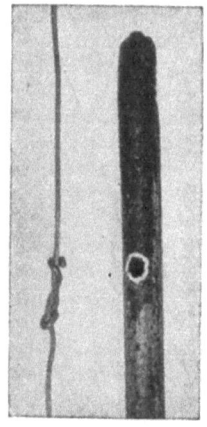

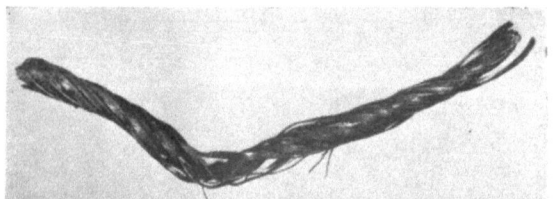

Abb. 27. Schwachstromkabel aus einer Brandstelle.

Abb. 28. Durchgeschmortes Schutzrohr durch die Würgestelle im Rohr.

versäumt worden, bei mutmaßlichen Bränden durch Kurzschluß die elektrischen Anlagen oder deren Reste möglichst bald nach dem Brande näher untersuchen zu lassen. Mit der Bemerkung „mutmaßlich Kurzschluß" war aber meist die Sache erledigt. Abb. 29 zeigt einen bemerkenswerten kleinen Brand in Stolpe, Kreis Angermünde. In der Anlage auf dem Heuboden wurden von mir in einem gewöhnlichen Schutzrohr innerhalb 70 cm drei verbotene Würgestellen, die auf dem Bilde zu erkennen sind, festgestellt. Durch schleichenden Schluß ist das auf dem Heuboden entlang geführte Rohr erhitzt worden und hatte das auf dem Rohr liegende Heu entzündet. Nur dadurch, daß der Besitzer rechtzeitig auf den aufsteigenden Rauch auf dem Heuboden aufmerksam gemacht worden ist, wurde ein größerer Brand verhütet. Die Spuren an dem Rohr, daß es glühend gewesen war, waren daran deutlich zu erkennen. Bei diesem Schluß sprechen natürlich die Sicherungen nicht immer an oder erst,

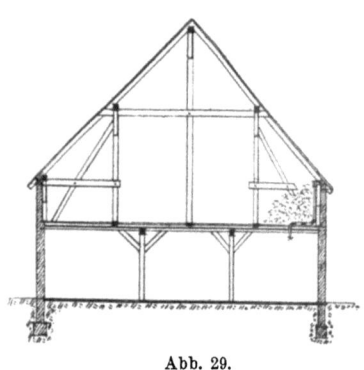

Abb. 29.

wenn es schon zu spät ist. Die fahrlässige Installation von Licht- und Kraftanlagen kann man auch in letzter Zeit vielfach selbst von zugelassenen Firmen noch beobachten. Besonders wird bei der Verlegung der Leitungen in Schutzrohren viel gesündigt. Teilweise werden 2 und 3 Drähte mehr in die Rohre eingezogen, als die Vorschriften es zulassen. Abb. 30 zeigt eine solche vorschriftswidrige Installation aus der Anlage eines Wohnungsbrandes, bei dem die elektrische Anlage als Ursache in Frage kam. Die Monteure hatten hier natürlich viel Mühe, die fünf Leitungen in dem Isolierrohr (11 mm), obwohl sie die Drähte tüchtig mit Seife eingeschmiert hatten, unterzubringen. Auch wenn die Leitungen in Stahlpanzerrohr verlegt werden, ist die richtige Weite der Rohre erforderlich.

Vielfach wird angenommen, daß bei Stahlpanzerrohr überhaupt nichts passieren kann. Die Erfahrungen zeigen andere Wege. Wenn gepfuscht wird, schlägt auch dieses Rohr durch. Bei den Abnahmen muß auch bei Stahlpanzerrohr auf die richtige Rohrweite sehr geachtet werden. Durch einen großen Brand mit einem Schaden von rund 96 500 RM wurde kürzlich das Rittergut Petkus, Kreis Jüterbog, heimgesucht. Der Brand war nachweislich durch die fehlerhafte elektrische

Abb. 30. Vorschriftswidrige Leitungsverlegung in einem abgebrannten Wohnhause.

Kraftanlage in der Scheune entstanden. 1. waren die Leitungen vorschriftswidrig ins Gebäude eingeführt, 2. war das Stahlpanzerrohr viel zu schwach und 3. hat man entgegen den neuen Merkblättern die Anlage, die erst Mitte des Jahres 1923 fertiggestellt worden ist, durch die Scheune nach den außen am Gebäude befindlichen Steckdosen geführt. Abb. 31 zeigt das Stück Stahlpanzerrohr, das mitten

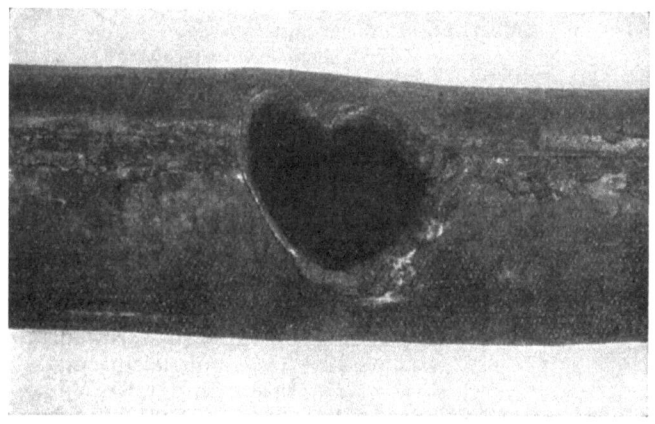

Abb. 31. Durchgeschmortes Stahlpanzerrohr mit einem lichten Durchmesser von 29 mm.

in der Scheune durchschlug. Solche betrübenden Fälle müßten doch zum Denken Anlaß geben.

Daß Mäuse und Ratten durch Zernagen elektrischer Leitungen oder durch Überbrückung von blanken Leitungen oder Kontakten als Brandstifter in Frage kommen, darauf ist schon wiederholt hingewiesen worden. Diese Gefahr wird kaum beachtet, mindestens wird ihr aber viel zu wenig Rechnung getragen. Es ist nicht ganz einfach, das Zernagen von Leitungen und Kabeln in und hinter Schaltapparaten durch dieses Ungeziefer zu verhüten. Durch geeignete Maßnahmen können aber auch diese Gefahren eingedämmt werden. Es lassen sich z. B. durch besseres Verschließen der Sicherungselemente und durch Auswechslung der Schlitzschalter gegen geschlossene Schalter solche

Schäden verhindern. In den Schutzkästen über den Sicherungselementen müssen die Löcher, durch die die Schutzrohre eingeführt sind, so abgedichtet werden, daß keine Mäuse hineinlaufen können. Oft genug enden aber die Schutzrohre schon mehrere Zentimeter vor dem Ein- oder Austritt der Leitungen. Das Ungeziefer findet dann in den Elementen Unterschlupf. Es gehört nicht zu den Seltenheiten, daß verendete Mäuse in den Sicherungskästen vorgefunden werden. Auch die Schlitzschalter, besonders solche in Kraftanlagen in Scheunen und Kornböden, werden von Mäusen gern

Abb. 32. Maus im Schalter.   Abb. 33. Mäusenest im Schalterdeckel.

aufgesucht. Das Ein- und Ausschlüpfen dieser Tiere aus offenen Schaltern wird bei den Revisionen oft bemerkt. In solchen Unterkünften können sie sich oft wochen-, ja monatelang frei bewegen, ohne gestört zu werden, da z. B. die Kraftanlagen in Scheunen vielfach nur zeitweise im Jahr benutzt werden.

Abb. 34. Kurzschluß infolge von Überbrückung von 2 Kontakten durch eine Maus.

Kürzlich wurde auf einem Gute in einer Scheune durch einen Kurzschluß bei Überbrückung von zwei Kontakten (380 V) durch eine Maus in dem Schlitzschalter die feuersichere Isolierplatte durchschlagen. Der Schalter selbst wurde nur leicht beschädigt. Die Maus war aber nicht nur zufällig hineingelaufen, sondern sie hatte auch ihr Nestchen in dem Schutzkasten gebaut. Hierzu Abb. 32, 33 und 34. Nur dadurch, daß der Installateur an der Kraftanlage in der Scheune arbeitete — der Schalter sollte ebenfalls ausgewechselt werden —, wurde ein großes Schadenfeuer verhütet. In solchen Brandfällen wird aber, besonders in Räumen mit leicht entzündlichen Gegenständen die Ursache in der Regel ungeklärt bleiben. Es mögen in dem statistischen Nachweis unter den unermittelten Brandursachen manche ähnliche Fälle stecken.

Die Durchführung der Auswechslung der Schlitzschalter gegen geschlossene, die bereits der Unfallgefahr wegen vorgenommen wird, muß auch aus vorgenannten Gründen geschehen und beschleunigt werden. Auch bei der Anbringung neuer Verteilungstafeln und Sicherungselemente — vor allen Dingen in Räumen mit leicht brennbaren Materialien — muß auf guten Abschluß geachtet werden. Den Mäusen muß das Eindringen hinter Verteilungstafeln oder in Apparate unterbunden, mindestens aber erschwert werden. Auch bei den Revisionen alter Anlagen muß auf vorstehendes geachtet und Abhilfe geschaffen werden.

Zum Schluß soll nicht unerwähnt bleiben, daß auch bei den Motoren das Hineinlaufen von Nagetieren verhängnisvoll werden kann und oft schon gewesen ist. Erst kürzlich trat in einem Betrieb in Drewitz, Kreis Teltow, durch das Hineinlaufen einer Maus in den Motor ein Schaden mit einer empfindlichen Betriebstörung ein.

Wenn auch solche Schäden schwieriger auszuschalten sind, muß dieser Gefahr doch je nach Lage der Verhältnisse — besonders bei Anlagen in Räumen mit leicht entzündlichen Materialien — Rechnung getragen werden.

Die vorschriftswidrige Sicherung der Licht- und Kraftanlagen ist der wundeste Punkt, besonders auf dem platten Lande. Daß diese Fahrlässigkeit oft genug die Ursache zu Störungen und Bränden gibt, darüber braucht wohl nicht erst gesprochen zu werden. Die Sicherungen für die Lichtstromkreise werden in der gröbsten Weise überbrückt, gleichgültig ob Wohnräume, Ställe oder Scheunen in Frage kommen. Vor allen Dingen muß in Installateur- und hauptsächlich in Stromabnehmerkreisen weit mehr aufgeklärt werden, daß, nachdem die zweite Sicherung kurz nach dem Einsetzen gleich wieder durchbrennt, nicht weiter gesichert werden darf; auch nicht mit vorschriftsmäßigen Sicherungen. Die Brandfälle, die dadurch entstehen, treten immer häufiger auf. Erst kürzlich brannte bei einem Gast- und Landwirt bei dem Einsetzen der achten Sicherung in die fehlerhafte Lichtleitung der Heuboden herunter. Die Feststellung ergab, daß die Leitung in der Deckendurchführung vom Pferdestall zum Heuboden gestört war. Der Besitzer, der von der Tragweite seines Vorgehens keine Ahnung hatte, schilderte den Vorgang genau. Über Scheunen- und Stallbrände, die beim Aufsuchen der Fehler von Monteuren, besonders durch das immer wieder vorschriftswidrige Sichern entstehen, darüber liegen genügend Fälle vor. Bei Kraftanlagen ist es dasselbe. Durch die in der Regel schon feuergefährlich aufgestellten Motoren samt den Zuleitungen wird die Anlage durch die vorschriftswidrige Sicherung besonders bedenklich. Daß Hausanschlußsicherungen überbrückt werden, ist keine Seltenheit, gleichgültig ob der Verschlußkasten plombiert ist oder nicht. Oft genug werden die Sicherungen herausgenommen und die Sicherungselemente überbrückt. Die Schutz-

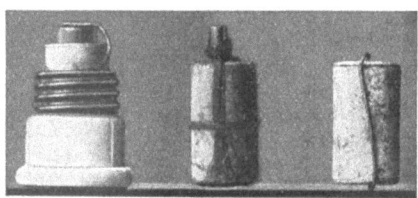

Abb. 35. Überbrückte Sicherungen: tägliche Erscheinungen.

deckel werden nicht wieder heraufgesetzt, was sehr zu beklagen ist. Abb. 35 zeigt einige in der üblichen Weise überbrückte Sicherungen.

Auf den Böden in Wohnhäusern, auch in Räumen mit leicht entzündlichen Gegenständen, fehlen die Kappen auf den gepanzerten Sicherungen sehr oft. Hierzu trägt aber viel die Konstruktion der Panzersicherungen bei. Die Befestigung der Kappen, mittels der auf den Stiftsschrauben sitzenden Mutter, ist für den Laien ziemlich umständlich. Aber auch von den Monteuren unterbleibt vielfach das Aufsetzen der Kappen. Selbst bei aufgesetzten Schutzdeckeln können leicht Störungen und Brände entstehen, wenn die für die Einführung der Schutzrohre bestimmten Öffnungen offen bleiben und dadurch dem Ungeziefer, besonders Mäusen, freier Eintritt gewährt wird. Die Schutzrohre werden oft erst gar nicht in die Öffnungen eingeführt und enden mehrere Zentimeter davor. Durch das bloße Einführen der Drähte entstehen dann große Löcher im Sicherungselement. Daß Mäuse dann leicht als Störenfriede und Brandstifter in Frage kommen können, ist bereits erwähnt worden.

In Abb. 9, 13 und 14 kann man bereits erkennen, daß lose Kontakte vielfach zu Störungen und Bränden führen. Dies ist nachweislich auch oft der Fall an und in Sicherungselementen. Durch einen losen Kontakt, selbst bei vorschriftsmäßigen Sicherungen, die sich gelöst haben, kann schon ein Stehfeuer in dem Element auftreten. Wenn nun aber noch die Sicherungen überbrückt sind, dann geschieht das, was Abb. 36 zeigt. Das flüssige Porzellan mit Metall gemischt lief wie Wasser auf die Zählerhaube und nach durch das sofort bildende Loch in den Zähler hinein. Daß die Sicherung überbrückt war, konnte ich nicht mit Bestimmtheit feststellen. Einige Anzeichen dafür waren aber vorhanden. Durch lose Kontakte, wie bereits erwähnt, kann aber auch ohne Überbrückung Ähnliches eintreten. Aus diesem Grunde müssen die Anlagen (Verteilungstafeln) in feuersicheren Gelassen untergebracht werden und nicht in einfachen Holzverschlägen. Gleich bei Beginn des Dreschens auf dem Vorwerk Emilienhof, Kreis Ruppin, bemerkte man sofort das Schmoren im Element. Nur dadurch blieben die gefüllte Feldscheune, in der sich die primitive Kraftanlage befand, und zwei dicht danebenstehende Getreidemieten vor der Einäscherung verschont. Es wäre sonst die vierte gefüllte Scheune gewesen, die am 13. Sept. 1927 im Kreise Ruppin heruntergebrannte. Bei einer von diesen am selben Tage gegen Mittag heruntergebrannten Hofscheune mit einer Grundfläche von 1170 qm konnte ebenfalls die Kraftanlage in derselben als Brandursache nachweislich festgestellt werden.

Abb. 36. Stehfeuer im Sicherungselement.

Um Bränden vorzubeugen und den inzwischen herausgegebenen Leitsätzen für die Errichtung von Starkstromanlagen in der Landwirtschaft Rechnung zu tragen, werden die Kraftanlagen außen an den Gebäuden (Scheunen usw.) angebracht. Bei dieser Installation müssen aber auch alle Punkte der bestehenden Vorschriften und Leitsätze beachtet werden. Sieht man sich die Anlage auf Abb. 37 an, so würde wohl allgemein behauptet werden, daß eine Feuersicherheit gegeben sei. Dies wäre jedenfalls vor dem Brande der Scheune, selbst bei Feststellung der der Anlage anhaftenden Fehler, von vielen gesagt worden. Beachtet man bei den Anlagen aber, daß die meisten Brände durch Erdschluß entstehen, dann kommt man zu anderen Auffassungen.

Als Rückwand dieser in der Scheunenwand eingebauten Kraftanlage (380 Volt) diente eine Eisenblechtafel. Die Hausanschlußsicherungen waren auf der Blechtafel direkt angebracht. Die drei Phasenleitungen waren ziemlich weit abgemantelt und mit Isolierband umwickelt. Der Nulleiter war an die rechte Phase dicht angeklemmt. Durch die vorschriftswidrige Einführung der Leitungen vom Rohrständer nach dem Innenraum konnte Schwitzwasser zum Sicherungselement und zu den mangelhaft isolierten Leitungen dringen. Ein weiterer Fehler war, daß die Zuleitungen vom Ortsnetz ab zu hoch gesichert waren. Zwischen der rechten Phase und dem Nulleiter kam es zum Durchschlag. Die Eisenplatte wurde schließlich glühend, und das dahinter gepackte Getreide entzündete sich. Es war vormittags 11 Uhr, als der Brand ausbrach. Dadurch, daß der Brand am Tage entstand und durch die Umsicht des Besitzers und das tatkräftige schnelle Eingreifen der Freiwilligen Feuerwehr war es zu verdanken, daß der

Abb. 37. Durch Erdschluß glühend gewordene Rückwand aus Eisenblech führte zum Brande.

Brand auf die Scheune beschränkt blieb. Durch die Unterversicherung hat der Besitzer immerhin noch einen großen Schaden. — Dieser Fall zeigt, daß einmal die Rückwände solcher Einrichtungen nicht feuersicher sind und daß sich vorschriftswidrige Installationen immer rächen. Bemerkt wird noch, daß die Anlage, die sich fast 2 Jahre in Betrieb befand, noch nicht einmal abgenommen worden war. Hoffentlich wird den restlichen Elektrizitätsgenossenschaften, die bis heute laut Verträgen mit den Überlandzentralen frei von jeder Überwachung sind, recht bald die Meldepflicht neuer und erweiterter Anlagen und die Überwachung aufgezwungen.

Die viel umstrittene und teilweise mangelhafte Abschaltung von Starkstromanlagen spielt bei Bränden oft eine große Rolle. Ein größerer Brand aus letzter Zeit (Abb. 38) gibt Veranlassung, auf die Abschaltung von Starkstromanlagen in der Landwirtschaft, besonders aber von Ortsnetzen, mehr Wert zu legen, und dies durch Vorschriften zu regeln. Der Brand, den das Bild zeigt, kam im Wohnhause angeblich in der Nähe der Einführung der Licht- und Kraftanlagen heraus. Der Dachstuhl stand bald in hellen Flammen. Die dann in dem Giebel gelockerten Isolatoren fielen samt

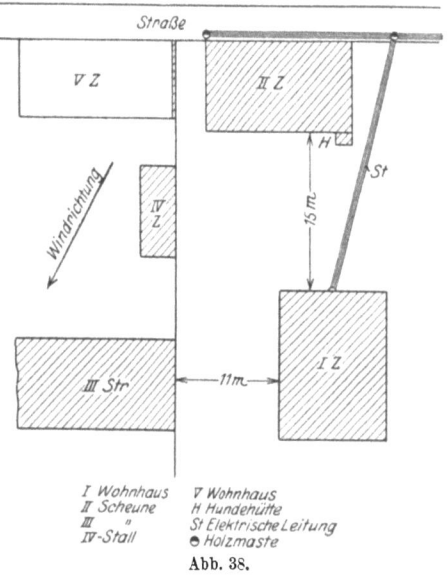

Abb. 38.

den Leitungsdrähten herab zur Erde. Die Enden kamen dicht neben die an der Scheune angebaute Hundehütte zu liegen. Das umherliegende Stroh und die Hütte fingen Feuer. Den zuerst anwesenden Nachbarn — der Besitzer war mit seiner Familie zu einer Kirmesfeier gefahren — war es nicht einmal möglich, den Hund von der Hütte zu befreien, denn das Feuerwerk hörte durch die zu hohe Sicherung der betreffenden Drähte nicht auf. Auch die erst zehn Jahre alte und noch gut erhaltene Fachwerkscheune fing Feuer und stand bald in hellen Flammen. Durch die ungünstige Windrichtung fingen auch die weichgedeckte Scheune und ein Stall des Nachbargehöfts an zu brennen. Die Anwesenden hatten voll zu tun, um das Wohnhaus des Nachbargehöfts zu retten, und so wurden

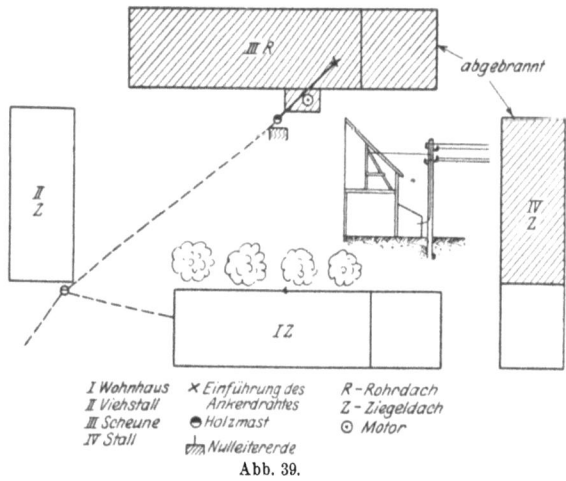

Abb. 39.

ein Wohnhaus, zwei Scheunen und ein Stall ein Raub der Flammen. Wäre es möglich gewesen, das Ortsnetz bald nach Ausbruch des Brandes oder wenigstens sofort nach dem Herunterfallen der Drähte spannungslos zu machen, dann konnte der Brand diese Ausdehnung nicht annehmen. Die nächste Abschaltmöglichkeit befand sich aber in der nächsten Stadt im Transformatorgebäude. Die Entfernung beträgt über 2 km. Auch die Zwischensicherungen fehlten. Einige Tage nach dem Brande, aber zu spät, sind diese dann eingesetzt worden. Hoffentlich wird der Fall zu einer Besserung der Abschaltungen beitragen. Es gibt leider sehr viele und dabei große Ortschaften, in denen das Ortsnetz erst von einem Beamten der Überlandzentrale, der seinen Sitz viele Kilometer vom Orte entfernt hat, spannungslos gemacht werden kann. Bei Gefahr ist dies oft nur auf kurze Zeit notwendig. Die Abschaltung muß nach wenigen Minuten möglich sein.

Daß bei der Installation von Starkstromanlagen auch den atmosphärischen Entladungen Rechnung getragen werden muß, macht sich immer mehr bemerkbar. Mehrere Brände geben Veranlassung, darauf hinzuweisen, daß man die Verankerung von Masten, besonders in weichgedeckten Gebäuden, vermeiden soll. Abb. 39 zeigt einen Brand, der dadurch entstand, daß ein Blitz in den mehrere Meter von der Scheune entfernten Holzmast einschlug. Der Mast brannte sofort hellerlichterloh, aber gleichzeitig brannte es auch an der Stelle, an der das eiserne Halteseil für den Mast in das Dach eingeführt war. Die Scheune und der rechtsstehende Stall brannten ab. Das Wohnhaus wäre bestimmt mit abgebrannt, wenn es nicht durch die vier großen Bäume, die natürlich eingegangen sind, geschützt worden wäre. Auf diese Weise entstanden im Juli 1923 innerhalb einer Quadratmeile drei Brände. Also raus mit diesen Ankern, wenigstens aus weichgedeckten Dächern, oder dieselben müssen mindestens gut geerdet werden.

Abb. 40. Plätteisen durch das Plättbrett durchgebrannt und auf dem Fußboden weiterbrennend.

Ich möchte nicht unterlassen, auf die Gefahren hinzuweisen, die durch die fahrlässige Bedienung der kleinen Heizapparate, hauptsächlich aber durch elektrische Plätteisen, entstehen. Abb. 40 zeigt einen der in großer Anzahl vorkommenden Schäden. In der Regel sind es nur Bagatellschäden, die durch die Apparate entstehen; aber es kann auch leicht anders kommen. Hierzu möchte ich nur einen erst kürzlich vorgekommenen Fall erwähnen. — Bei einem Kaufmann blieb versehentlich das Plätteisen, das auf dem Korridor benutzt worden war, des Nachts über eingeschaltet. Die Stelle, auf dem das Plätteisen stand, und die Umgebung fingen an zu verkohlen. Es entstand eine große Rauchentwicklung, durch die der Besitzer morgens gegen 4 Uhr geweckt wurde. Er eilte auf den Korridor und wollte die Treppe herunter, fiel aber durch eine bereits verkohlte Treppenstufe und verletzte sich derart schwer, daß er fünf Tage später an den Folgen starb.

Es empfiehlt sich, beim Verkauf von elektrischen Plätteisen geeignete Untersetzer mit anzubieten mit dem Hinweis, nur auf diesen die Apparate aufzusetzen. Da die Schäden lediglich dadurch entstehen, daß das Ausschalten vergessen wird, ist es geboten, der Einführung der Apparate mit automatischer Abschaltung mehr Beachtung zu schenken.

In welcher Verfassung die Leitungen, Motoren nebst Zubehör in den Ställen, Böden und in Scheunen vorgefunden werden, spottet jeder Beschreibung. Die Leitungen und Isolatoren sind derart beschmutzt, daß sie oft noch kaum zu erkennen sind. Die Motoren sind voll Staub usw. Eine Reinigung wird nur in den seltensten Fällen vorgenommen. Die Wanddurchbrüche, durch die die Leitungen geführt sind, sind mit Stroh oder Heu zugestopft. An den Leitungen hängen oft schwere Gegenstände.

Wenn die Besitzer oder das Personal die Wirkungen dieser Verstöße wüßten, würde hier manches anders sein.

Fragt man sich nun, ob es möglich ist, die vorbezeichneten Mängel durch irgendwelche Vorkehrungen zu beseitigen und die Anlagen dadurch feuersicher zu gestalten, so kann gesagt werden, daß es ohne Schwierigkeiten gut möglich ist. Hierzu werden folgende Vorschläge gemacht:

a) Die Leitungen, die zur Beleuchtung der Ställe erforderlich sind, kann man sehr gut von außen in diese direkt einführen. Die Einführung in die Böden und von dort aus erst durch die feuchten Stalldecken muß verboten werden. Die Leitungen lassen sich meist am Giebel herunterleiten und direkt in den Stall einführen, oder sie werden von einem am Gebäude angebrachten Gestänge aus eingeführt oder am Gebäude entlang gelegt und in nächster Nähe der Verbrauchsstelle eingeführt.

b) Auf den Heu- und Strohböden ist die Beleuchtung möglichst zu vermeiden. Es ist beobachtet worden, daß die in diesen Räumen vorhandene elektrische Beleuchtung hier fast gar nicht gebraucht wird. Das sieht man am besten am Fehlen der Beleuchtungskörper, der Schalter usw. Wird ausnahmsweise auf größeren Heu- und Strohböden unbedingt Beleuchtung gebraucht, dann sind die Leitungen von außen direkt in diese Räume einzuführen und möglichst so, daß sie überwacht werden können. Die Beleuchtungskörper müssen an solchen Stellen angebracht werden, an denen ein Verpacken mit leicht entzündlichen Gegenständen ausgeschlossen ist.

c) Die Aufstellung von Motoren nebst Zubehör auf Stroh-, Heu- oder Häckselböden muß unbedingt in besonders dazu errichteten, feuersicheren Gelassen geschehen. Auch die Tür muß feuersicher sein. Aus diesem Gelaß darf nur die Welle herausragen. Der Durchgang der Welle muß bis auf den unbedingt erforderlichen Spielraum abgedichtet werden. Diese Einrichtung ist vielfach schon gefordert und läßt sich gut durchführen. Lassen sich unter den Böden in dazu geeigneten Räumen die Motoren aufstellen, dann steht der Unterbringung dort nichts im Wege.

Der Durchgang der Riemenöffnung muß natürlich so klein wie möglich gehalten werden. Da in der Regel des Diebstahls wegen die Riemen von den Transmissionen entfernt werden, kann auch die Riemenöffnung nach dem Gebrauch mittels einer Klappe geschlossen werden. Die Motoren dürfen dann aber nicht, was bei Motoren zum Rübenschneiden der Fall und schon erwähnt worden ist, dicht unter der feuchten Decke angebracht werden. Sie sind etwa 1 m über dem Fußboden anzubringen.

d) Ich komme zu dem empfindlichsten Gebäude in der Landwirtschaft, das ist die Scheune mit ihrem leicht entzündlichen Inhalt. Ein Brand einer Scheune ist fast stets ein Totalschaden. Durch die große Hitze, die beim Brande hier entwickelt wird, sind die nächstliegenden Gebäude immer sehr bedroht und oft genug mit ein Raub der Flammen geworden. Dies muß bei Installationen von Starkstromanlagen in diesem Gebäude mit beachtet werden.

Die Lichtleitungen in Scheunen sind möglichst zu vermeiden. Auch hier wird die Beleuchtung selten gebraucht, was man wiederum daran sieht, daß auch hier die Anlagen meistenteils nicht in Ordnung sind. Durch die abgenommenen Beleuchtungskörper und Schalter wird die Anlage durch die blanken Leitungsenden in einen bedenklichen Zustand versetzt.

Wenn in Scheunen unbedingt Beleuchtung gebraucht wird, dann sind im Innern der Räume die Leitungen auf ein Mindestmaß zu beschränken. Die Leitungen sind außen an den Scheunen entlang zu leiten und in der Mitte der Tenne vorschriftsmäßig einzuführen. Die Leitungen müssen auf alle Fälle überwacht werden können. Auftretenden Störungen dürfen bei deren Beseitigung keine großen Schwierigkeiten entgegenstehen. Die Schalter sind außerhalb der Scheunen anzubringen und unter Verschluß zu halten.

e) Die feststehenden Motoren einschließlich Zubehör müssen außerhalb der Scheunen in besonders dazu geschaffenen, feuersicheren Räumen aufgestellt werden. Nur die Motorwellen sind ins Innere einzuführen. Der Durchgang der Welle darf nur den unbedingt notwendigen Spielraum haben. Diese Aufstellung ist teilweise schon durchgeführt. Durch diese Einrichtungen können im Innern der Scheune auch Häckselmaschinen usw. angetrieben werden. Wenn die Maschinen mit Ausrückvorrichtungen versehen sind, dann ist auch den Vorschriften der Berufsgenossenschaft entsprochen.

In einem erst kürzlich errichteten massiven Raum außerhalb der Scheune war ein Motor nebst Riemenscheibe untergebracht. Bei dieser Anlage war aber der Fehler gemacht worden, daß die Kraftleitung durch die Scheune, anstatt außen herum, zum Motor geführt worden ist. Auf meine Einwendung hin brachte der Besitzer zum Ausdruck, daß es ihm auch lieber gewesen wäre, wenn er den Anbau und den Zugang zum Motor vom Hof aus hätte. Die Drescheinrichtung hätte sich leicht danach umstellen lassen. Abb. 41 zeigt den angebauten Motorraum. Eine gefahrlose Aufstellung von Elektromotoren nebst Zubehör wird durch die Unterbringung in Duro-Motorenschränken erreicht, die seit kurzer Zeit in drei Typen auf den Markt kommen. Type I (Abb. 42, 43) hat eine Bodenfläche von 1×1 m und eine Höhe von 1,80 m. Type I^a 1×1 m $\times$ 1,40 m. Type II (Abb. 44, 45) = $0,80 \times 0,80 \times 1$ m. Letztere wird nach Bedarf auch mit Fahrvorrichtung geliefert. Diese Schränke sind von Fachleuten anerkannt und haben in kurzer Zeit gute Einführung gefunden. Auf die weiteren Vorteile und Beschreibung der Schränke ist bereits in den Fachzeitschriften hingewiesen worden.

Abb. 41. Angebauter Motorraum.

Die Anbringung von Steckdosen und die Zuleitungen zu diesen in Scheunen muß verboten werden. Die Verlegung wird von mehreren Feuersozietäten und auch von mehreren Überlandzentralen schon seit einigen Jahren nicht mehr gestattet. Nach richtiger Aufklärung sehen das die Besitzer selbst ein und lassen die alten Anlagen entsprechend ändern. Auf keinen Fall dürfen die Zuleitungen zu außen angebrachten Steckdosen durch die Scheunen geführt werden, denn die Steckdosen sind weniger bedenklich. Verhängnisvoll sind die oft vorschriftswidrig verwendeten Verteilungsscheiben und die mangelhaft verlegten Leitungen, die meist in Stroh eingehüllt sind. Aber auch bei von vornherein vorschriftsmäßig verlegten Leitungen sind Schäden in Scheunen nicht ausgeblieben.

f) Die Verlegung von Licht- und Kraftanlagen in Räumen mit leicht entzündlichem Inhalt, z. B. in Scheunen und Heuböden, ohne daß darin weder Licht noch Kraft benötigt wird — diese Räume also nur als Durchgang zu verwenden — muß unter allen Umständen verboten werden.

g) Weiter sind die Einführungen der Leitungen durch Dachständer in Räume mit leicht entzündlichem Inhalt zu verbieten. Durch die bereits geschilderten direkten Einführungen der Leitungen in die Ställe usw. und durch die vorgeschlagene Verlegungsart für Licht- und Kraftanlagen in Scheunen kommt diese Einführung sowieso in Fortfall.

Werden die genannten Punkte bei der Installation beachtet, dann werden die meisten Brandherde beseitigt. Diese Punkte sind auch bereits von dem Unterausschuß des Verbandes Deutscher Elektrotechniker bei Aufstellung der neuen Errichtungsvorschriften für Starkstromanlagen in der Landwirtschaft beachtet worden. Diesem

Ausschuß gehören u. a. Fachleute von größeren Überlandzentralen an, die über eine vieljährige Praxis verfügen, und keineswegs durch die vorgeschlagenen Wege eine Hemmung der Elektrifizierung auf dem Lande erblicken. Auch meines Erachtens dürfte gerade das Gegenteil der Fall sein.

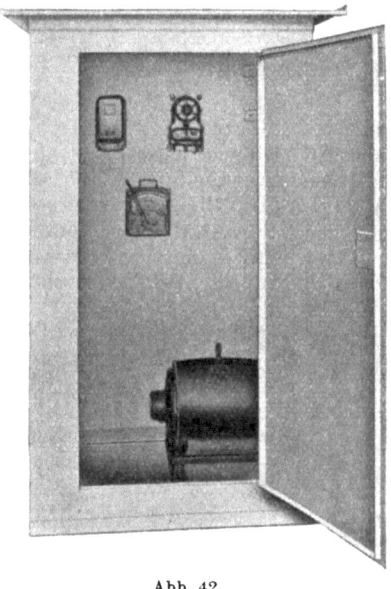
Abb. 42.

Abb. 43.

Hoffentlich läßt die Herausgabe neuer Vorschriften nicht mehr allzu lange auf sich warten, denn es ist große Eile geboten. Ohne neue besondere Vorschriften für die

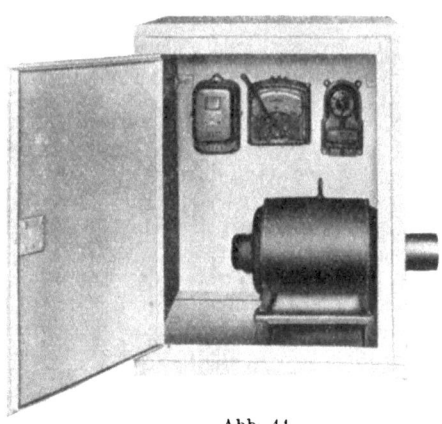
Abb. 44.

Abb. 45.

Errichtung von Starkstromanlagen in der Landwirtschaft ist ein Vorwärtskommen nicht möglich. Es muß dann entschieden werden, wie weit sich die bestehenden feuergefährlichen Anlagen den neuen Vorschriften anzupassen haben. Bei Beachtung dieser Vorschläge werden bei der Errichtung neuer Anlagen kaum größere Kosten entstehen, als es die jetzige Verlegungsart verlangt. Praktisch erprobt ist diese Installation.

Am Anfang meiner Ausführungen erwähnte ich bereits, daß in der Landwirtschaft schon vor etwa 20 Jahren feuersicherere Anlagen errichtet worden sind, als es teilweise heute der Fall ist. So fand ich vor kurzer Zeit auf einem Rittergute im Kreise Friedeberg eine Anlage, die im Jahre 1901 errichtet worden war. Die Stallanlagen haben bis heute kaum eine Störung aufzuweisen. Schon damals hatte man die Leitungen außen entlang geführt und nur an den Verbrauchsstellen ins Gebäude geleitet. Die Schalter sind in einer Nische außerhalb des Gebäudes angebracht. Jedenfalls kann man diese Anlage als feuersicher bezeichnen. Die über den Ställen liegenden Böden werden hier nicht berührt.

Daß Reparaturen auch an einwandfrei verlegten Leitungen durch die verschiedenen Einflüsse und derbe Behandlung besonders in der Landwirtschaft von Zeit zu Zeit notwendig werden, ist selbstverständlich. So gut wie jedes Dach auf dem Lande in der Regel alle 15 Jahre mindestens einmal neu ein- oder umzudecken ist, ist es auch notwendig, die elektrische Anlage von Zeit zu Zeit gründlich instand zu setzen. Daran müssen sich die Besitzer so langsam gewöhnen. Soweit die Erfahrungen in den letzten Jahren gezeigt haben, lassen die Besitzer nach entsprechender Aufklärung ihre Anlagen auch zum Teil unter großen Opfern nachträglich feuersicher herrichten.

Auf eine Schwierigkeit möchte ich noch bei der jetzigen Verlegung von Licht- und Kraftanlagen in Scheunen und Heuböden aufmerksam machen; das ist die Beseitigung von Mängeln bei Störungen, wenn diese Räume mit Heu, Stroh, Getreide usw. vollgepackt sind. Ferner ist, wenn z. B. bei den Abnahmen die Leitungsquerschnitte beanstandet werden, eine Auswechselung der Rohre und Leitungen oft nicht möglich. Diese Fälle kommen öfter vor. So wurde z. B. in einer sehr großen Scheune der Querschnitt einer Kraftleistung für einen 35-PS-Motor beanstandet. Die große, geschlossene, auf dem Hof stehende Scheune ist bei der vorjährigen guten Ernte so vollgepackt, daß die Auswechslung hier unmöglich ist. Besteht hier nicht die Möglichkeit, daß dann Flickerei der Drähte vorgenommen wird? Nur durch die Herausnahme der Leitung und Anbringung der Steckdose außerhalb des Gebäudes wird die Gefahr beseitigt.

Durch die Gewerbefreiheit ist es für die Überlandzentrale heute schwer, die notwendigen Bedingungen für die Zulassung der Installateure zu erreichen. Es ist erfreulich, daß die Bedingungen von einigen Überlandzentralen in letzter Zeit bedeutend verschärft worden sind. Sie müßten aber in eine bestimmte Form gefaßt und diese verallgemeinert werden.

Viel verhütet könnte werden, wenn endlich die Überwachung der elektrischen Anlagen geregelt wäre. Die Verhandlungen hierüber sind z. Z. im Gange, und ich will auf diesen Punkt deshalb hier nicht näher eingehen.

Leider läßt die Abnahme von seiten der Überlandzentrale teilweise zu wünschen übrig, obwohl ziemlich hohe Abnahmegebühren gefordert werden. Weit mehr Sorgfalt müßte auf die Abnahme derjenigen Anlagen gelegt werden, die von den Installationsabteilungen der Überlandzentralen selbst errichtet werden. Auch die Anmeldung von größeren Erweiterungen von seiten der Installateure bei den Überlandzentralen muß strenger überwacht werden. Erst kürzlich konnte ich wieder feststellen, daß eine große Kraftanlage zum Dreschen nach drei Monaten der Überlandzentrale noch nicht gemeldet worden war. Dabei war die Ausführung der Anlage zu beanstanden. Eine wesentliche Erleichterung wird für die Abnahmestellen, die Feuerversicherungsanstalten usw. geschaffen, sobald bestimmte Vorschriften über die Errichtung der Starkstromanlagen in der Landwirtschaft herausgegeben werden. Dann könnten auch die Sondervorschriften der Überlandzentralen mehr unter einen Hut gebracht werden. Diese Vorschriften weichen heute zum Teil derart voneinander ab, daß größere Firmen, die in Versorgungsgebieten vieler Überlandzentralen installieren, vielfach Studien vornehmen müssen, um den betreffenden Vorschriften gerecht zu werden. So lassen z. B. einige Werke in ihren Vorschriften den Rohrmantel als Rückleitung zu, andere nicht, verschiedentlich werden Motorschaltkästen verlangt usw. Es müßte heißen, wir haben nur eine Vorschrift, und das ist die des Verbandes Deutscher Elektrotechniker.

Ich möchte nicht unterlassen zu bemerken, daß, wenn die Anlagen nach den jetzigen Vorschriften errichtet und abgenommen worden wären, mancher Brand nicht hätte entstehen können.

Wie schon erwähnt, finden Verstöße gegen die Vorschriften lediglich von Nichtfachleuten und auf Besitzungen mit eigenen Zentralen statt. Letzteren Anlagen, die fast ohne Aufsicht sind, und bei denen Instandsetzungen und Erweiterungen meist von Unkundigen ausgeführt werden, muß künftig weit mehr Aufmerksamkeit geschenkt werden als bisher.

Wer bei der eigenmächtigen und vorschriftswidrigen Erweiterung seiner Anlage angetroffen wird und schließlich durch fahrlässige Sicherung große unersetzliche Sachwerte sowie Menschenleben in Gefahr bringt oder Sachwerte dadurch zerstört, die der Allgemeinheit entzogen werden, darf nicht unbestraft bleiben.

Bis heute sind die Schuldigen straflos ausgegangen. Es ist zu hoffen, daß hierin baldigst Wandel geschaffen wird. Andernfalls muß eine gesetzliche Regelung angestrebt werden.

Die gemachten Vorschläge gehen nicht nur von seiten der Land-Feuersozietät der Provinz Brandenburg aus, sondern es fordern sämtliche deutsche öffentlichen Feuerversicherungsanstalten und auch ein Teil der Privat-Versicherungsgesellschaften die Verlegungsart von Licht- und Kraftanlagen in der geschilderten Weise. Die Wünsche mancher Anstalten gehen auf Grund der Erfahrungen noch weit über die Vorschläge hinaus. Werden bestimmte Vorschriften unter Berücksichtigung der Erfahrungen herausgegeben, nach denen die Anlagen zu errichten sind, und danach die Abnahmen scharf durchgeführt, dann wird erreicht werden:

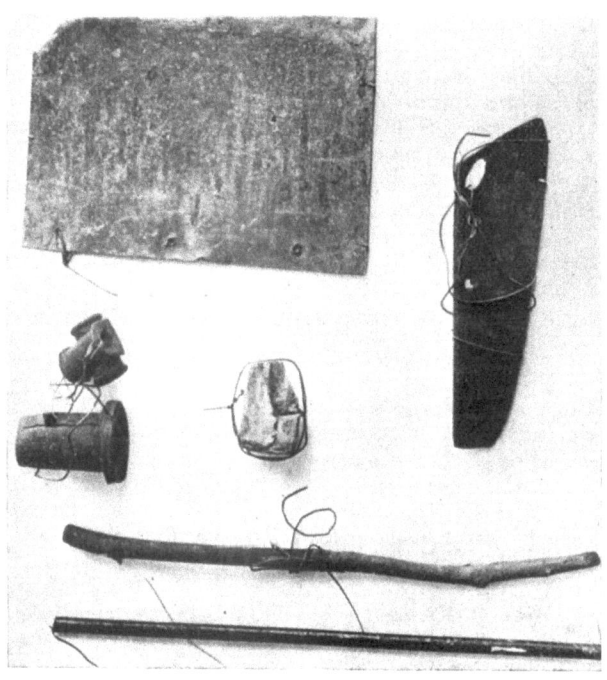

Abb. 46.

1. eine weit feuersicherere Installation als bisher,
2. der Allgemeinheit werden dadurch große, unersetzliche Sachwerte erhalten,
3. wird gleichzeitig hierdurch dem Pfuschertum und der Preistreiberei am besten Einhalt geboten werden.

Dann wird sich auch der Installateurstand, der durch das Pfuschertum herabgedrückt worden ist, von selbst wieder heben.

Werden die elektrischen Licht- und Kraftanlagen feuersicher errichtet, dann kommen andere Beleuchtungsarten und andere von den Feuerversicherungsanstalten nicht gern gesehene Kraftmaschinen ins Hintertreffen.

In der Landwirtschaft kann und muß es dann nur noch heißen: „Als Beleuchtung elektrisches Licht und als Betriebskraft der Elektromotor."

Die Erdungsfrage möchte ich nicht unerwähnt lassen. Wenn eine Anlage feuersicher ist, ist dieselbe noch lange nicht unfallsicher. Auch hierauf muß bei der Installation von Licht- und Kraftanlagen geachtet werden. Daß besonders das Vieh in den Ställen bei einem Spannungsübertritt in die Eisenkonstruktion leicht verletzt oder getötet wird, hat sich leider in den letzten Jahren zur Genüge gezeigt. Erst kürzlich fielen in einem Stall in der Neumark 7 Schweine und in einem Viehstalle in S. bei Viersen der gesamte Viehbestand von 28 Kühen. Verluste sind für die Besitzer immer sehr schmerzlich, weil sie gegen solche Schäden keine Deckung haben.

Bei der Installation neuer Anlagen wird zum größten Teil schon darauf geachtet. Leider sind aber die alten Anlagen in dieser Beziehung meist sehr mangelhaft. Die Isolier- und Beleuchtungskörper sind oft an den eisernen Trägern befestigt. Sie müssen entfernt und an geeigneten Stellen angebracht werden. Bei den meisten Erdungen kann man überhaupt nicht von einer Erdung sprechen, da die Erdkörper überhaupt fehlen. In dieser Beziehung ist geradezu gepfuscht worden. Man betrachte das Bild 46, an dem man ersehen kann, welchen Wert und welche Gestaltung die Erdungen vielfach haben. Auf dem Bilde kann man Wagenbuchsen, Steine, Pflugschar, Holzknüppel erblicken! —

Auch die Anschlüsse an die Erdplatten, die in der Regel mangelhaft sind, müssen bedeutend besser gemacht werden. Es ist erforderlich, daß genügend große Erdkörper, Platten, Rohre oder Oberflächenleitungen verlegt und daß dieselben auch kontrolliert werden; d. h. vor allen Dingen muß bei der ersten Abnahme der Erdungswiderstand durch Messung geprüft werden. Auch wiederkehrende Prüfungen sind erforderlich. Die alten meist ungenügenden Stallerdungen und Erdungen von Motoren und Steckdosen müssen nachträglich geändert bzw. die fehlenden Erdungen angebracht werden, wenn die Besitzer vor Menschen- und Viehunfällen geschützt sein wollen und sollen.

Die Gefahren bei unvorschriftsmäßigen Außenantennen für den Rundfunkempfang.

Die Verbreitung des Rundfunks hat erfreulicherweise einen Umfang angenommen, wie er kaum erwartet worden ist. Auch in den kleinen Städten und auf dem platten Lande sind bereits viele Anlagen geschaffen worden. Bei der schnellen Entwicklung des Rundfunks hätte man aber doch in bezug auf den Bau der Außenantennen etwas vorsichtiger vorgehen müssen. Dadurch, daß die meisten Rundfunkteilnehmer sich die Anlagen, auch auf dem Lande, selbst errichtet haben, sind vielfach die früheren Leitsätze und die Vorschriften für Außenantennen, die vom Verbande Deutscher Elektrotechniker am 1. Oktober 1925 herausgegeben worden sind, nicht beachtet worden. Leider konnte aber auch festgestellt werden, daß selbst viele Installationsfirmen sich nicht an die Vorschriften halten.

Da nun die Besitzer auf ihren Gehöften ohne jede Bauanzeige Antennen errichten können, ist es kein Wunder, daß die Vorschriften, die den Besitzern in der Regel gar nicht bekannt sind, unbeachtet bleiben.

Es ist bedauerlich, daß auch nicht eine Stelle zur Überwachung der ordnungsmäßigen Anbringung von Antennen besteht. Seit dem 6. Januar 1927 ist zwar von dem Preuß. Ministerium für Volkswohlfahrt ein Entwurf einer Polizeiverordnung über Außenantennen erlassen worden, durch diese werden aber nur die diejenigen Antennen erfaßt, welche öffentliche Verkehrsflächen (Wege, Plätze, Grünanlagen, Wasserstraßen), sowie Eisenbahnkörper, Straßenbahnen, Freileitungen von Stark- oder Schwachstromanlagen, die öffentlichen Interessen dienen, kreuzen, oder in einem gegen Beeinträchtigung auf Grund des Verunstaltungsgesetzes vom 15. Juli 1907 geschützten Gebiete liegen. Hierunter fallen vielleicht 1 vH sämtlicher Außenantennen. Für die übrigen 99 vH besteht keine Bauanzeigepflicht; diese bleiben sich selbst überlassen. Durch den ministeriellen Erlaß wird also wenig Wandel geschaffen.

Es wäre allgemein zu fordern, die Außenantennen nach den Vorschriften des Verbandes Deutscher Elektrotechniker zu errichten und die Telephonerden und Reichstelephonleitungen überhaupt nicht zu benutzen. In einem Falle hat man bereits erfahren, wie weittragend die Benutzung der Telephonleitung zum Rundfunkempfang ist. Soweit festgestellt werden konnte, ist in sehr vielen Fällen die Telephonerde (Posterde) verwendet worden. Das Fehlen jeder Überwachung hat aber zu ziemlich bedenklichen Mißständen geführt. Hauptsächlich wird der § 7 der Vorschriften des Verbandes Deutscher Elektrotechniker nicht beachtet, was gegebenfalls schwere Folgen bei direkten Blitzschlägen in Außenantennen nach sich zieht.

Nachstehends ind einige Fälle aus dem Jahre 1926 aufgeführt. Der Blitz schlug im April auf einem Bauernhofe in P., Kreis Angermünde, in den hölzernen Mast (Abbild. 47), der an der Giebelwand der Scheune angebracht worden war, ein. Der Mast überragte das Dach um etwa 3 m. Er wurde samt einem Teil der Holzkonstruktion der Giebelwand stark zersplittert. Die Antenne wurde von Punkt a bis b zerstäubt. Der Fensterrahmen, durch den die Antenne ins Zimmer eingeführt worden war, wurde auf den Hof geschleudert. Die elektrische Leitung (Rohrdraht mit Aluminiumleitung), die mit der Erdleitung der Antenne metallische Verbindung hatte, wurde in den Zimmern 1 und 2 bis auf kleinste Reste an den Stahldübeln fast vollständig vernichtet. Der Zähler wurde stark beschädigt und von der Wand abgerissen. Das Sicherungselement am Zähler wurde vollständig zerstört. Die aufsteigende elektrische Leitung bis zur Hauseinführung und die Kraftleitung vom Wohnhausboden bis zur Scheune blieben intakt, nur einige Sicherungen schlugen durch. Bemerkenswert ist, daß in einer Wohnstube, obwohl fast die gesamte Leitung zerstört war, die Leitung von der Abzweigdose bis zum Beleuchtungskörper und selbst die Glühlampe unversehrt blieben. Von der Wohnstube aus ging die Lichtleitung durch den Korridor, die Küche, außen in gewöhnlichem Isolierrohr an der Waschküche entlang über den Heuboden und von hier aus zum Stall. An der Stelle, wo die Lichtleitung (Phase und Nulleiter) in einer Porzellanfingerpfeife durch die Stalldecke geleitet wurde, sprang ein Teil der Entladung in die einige Millimeter von der isolierten Leitung

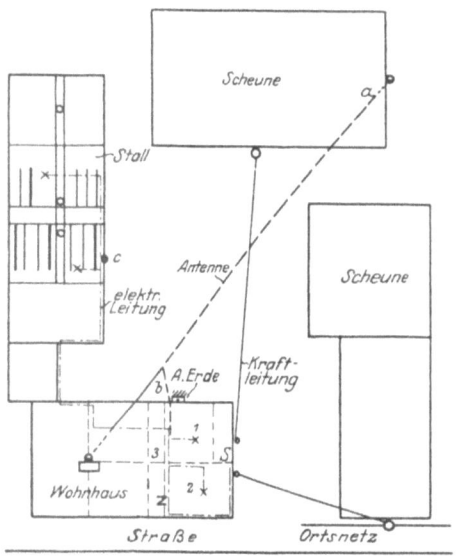

Abb. 47. Blitzwirkung in einer unvorschriftsmäßigen Antennenanlage.

entfernt liegende Eisenkonstruktion nachweislich über. Die Porzellanpfeife und die Leitung (Phase) wurden an dieser Stelle zerstört. Von den zwölf im Stalle befindlichen Kühen wurden vier getötet. Die starken Striche auf dem Bilde zeigen die getöteten Kühe, und zwar waren es, soweit festgestellt werden konnte, diejenigen Kühe, die gestanden haben, während die übrigen, die auf Stroh isoliert gelegen haben, unversehrt blieben. Die Kühe waren durch eiserne Ketten an den eisernen Raufen befestigt. Die Eisenkonstruktion des Stalles, die unter Spannung kam, war schlecht geerdet. Eine Verbindung zwischen Eisenkonstruktion und der Hofwasserleitung, durch die im Stalle ein Wasserbehälter gespeist wurde, war hergestellt. Die Anschlüsse an der Wasserleitung und der Eisenkonstruktion waren aber vollständig oxydiert, so daß der metallische Zusammenhang fehlte. Eine genaue Messung des Erdungswiderstandes der eisernen Raufe ergab 57 Ω. Bei einer ordnungsmäßigen Erdung der Eisenkonstruktion und der eisernen Raufen wären die Kühe vielleicht nicht getötet worden.

Die gemachten Feststellungen haben ergeben, daß es sich um eine vorschriftswidrige Antennenanlage gehandelt hat. Bei der Anlage, die erst kurz vor dem Blitzschlag errichtet worden war, sind die Vorschriften des VDE für Außenantennen nicht beachtet worden. Die ziemlich hohen Holzmasten auf der Scheune und auf dem Wohnhause waren nicht geerdet. Diese Erdung ist unbedingt erforderlich und auch nach § 7d der Vorschriften für die Errichtung von Außenantennen vorgeschrieben. Sodann fehlte der Überspannungsschutz. Ferner war die Antenne über die zur Scheune geführte Starkstromleitung gespannt, deren Isolation bereits stark verwittert war und teilweise schon gänzlich fehlte. Dabei hätte sich hier die Kreuzung gut vermeiden lassen. Der Anschluß der Erdleitung an das $^3/_4$ zöllige Erdrohr, das als Erdleitung diente, war sehr mangelhaft. Das Gasrohr war bis zum Grundwasser versenkt. Der Erdungswiderstand betrug 7 Ω. Nach Angabe des Besitzers soll die Antenne geerdet gewesen sein. Er will selbst den Erdungsschalter beim Auftreten des Gewitters eingelegt haben, was man bei dieser Wirkung aber kaum annehmen kann. Jedenfalls muß es sich um eine ganz gewaltige Entladung gehandelt haben. In der Wohnstube fingen durch die herumfliegenden Stücke der elektrischen Leitung die Gardinen und weitere leicht entzündliche Gegenstände an zu brennen. Der Besitzer und seine Frau, die mit dem Schrecken davonkamen — nur die Frau hatte am Hals eine kleine Brandwunde von einem abfliegenden Stück der glühenden Leitung erhalten — konnten den Brand der Gardinen usw. noch ersticken. Der durch den Blitzschlag verursachte Schaden beträgt rund 1800 M.

Im Juli 1926 schlug der Blitz in eine erst kurze Zeit vorher errichtete Antennenanlage in N. im Kreise Niederbarnim ein. Die Antenne war zwischen zwei etwa 60 m auseinander stehenden hohen Holzmasten gespannt. Soweit festgestellt werden konnte, hat der Blitz in den nächst der Straße zu stehenden Mast eingeschlagen. Dieser war am meisten beschädigt worden; auch der zweite Mast hatte stark gelitten. Die Antenne war zerstäubt. Trotz der guten Antennenerde (Wasserleitungsanschluß) und sonst vorschriftsmäßiger Anlage drang ein Teil der Entladung durch die Fensterscheibe, die zertrümmert wurde. Der Rundfunkapparat wurde zerstört. Bemerkt wird, daß der Erdungsschalter mit dem üblichen Zubehör sich außen an der Wand befand. Der Fall wäre harmlos verlaufen, wenn die Holzmasten nach § 7d der Vorschriften des VDE richtig geerdet gewesen wären.

Ein weiterer Schaden, bei dem die unvorschriftsmäßige Antenne eine Rolle spielt, ist im März 1926 auf einem Wohnhause in Neubabelsberg zu verzeichnen. Der Blitz schlug in den hölzernen Antennenstützpunkt, der am Schornstein auf dem Wohnhause befestigt war und 1 m über denselben herausragte. Die Antenne war zwischen einer Birke, die 55 m vom Wohnhause abstand, und vorgenannten Antennenstützpunkte gespannt. Fehlerhaft war die Anlage insofern, als an dem hölzernen Stützpunkt die Erdung fehlte. Sonst war die Anlage in Ordnung. Der Erdungsschalter und der Überspannungsschutz befanden sich außen am Gebäude. Nach Aussage des Besitzers soll die Antenne während des Gewitters richtig geerdet gewesen sein, und doch waren außer der ziemlich großen Beschädigung des Schornsteins, des Daches und der oberen Zimmer auch der Rundfunkapparat und die Anodenbatterie beschädigt. Die Antenne war, wie bei allen Blitzschlägen, sobald sie in Mitleidenschaft gezogen wird, vollständig zerstäubt. Die gesamte Rundfunkanlage war bereits wieder in Ordnung gebracht. Die Erdung des neuen hölzernen Stützpunktes am Schornstein fehlte aber auch jetzt noch. Richtigerweise war wenigstens bei der neuen Anlage vom Abspannpunkte der Birke aus — wenn auch verbesserungsbedürftig — eine Ab- und Erdleitung angebracht.

Weiter wird § 10 der Vorschriften des VDE oft nicht beachtet. Dies hat schon wiederholt zu Unfällen und Schäden geführt. Dieser Paragraph sagt u. a., daß Kreuzungen von Niederspannungsanlagen möglichst zu vermeiden sind. Außerdem müssen bei Kreuzungen solcher Anlagen die Antennenleiter eine wetterfeste Umhüllung nach den „Normen für umhüllte Starkstromleitungen" des VDE besitzen, sofern die Starkstromleitung nicht isoliert ist. Ohne Kenntnis der Vorschriften werden aber oft genug blanke Starkstromanlagen gekreuzt. Bei Bruch der Antennen kommen dieselben dann fast immer auf den Erdboden zu liegen. Wird der auf der elektrischen Leitung unter Spannung stehende Teil der Antenne von einer Person oder einem Tier berührt, so wird hier ein Unfall niemals ausbleiben. Bei Tieren verlaufen die Unfälle fast immer tödlich. Außerdem können dadurch leicht Brände eintreten. Einige bedenkliche Fälle aus letzter Zeit werden nachstehend aufgeführt:

Auf einem Gehöft in A., Kreis Königsberg i. NM., riß kürzlich bei windigem Wetter eine Doppelantenne. Dieselbe war vom Wohnhaus bis zur Scheune über die blanke Starkstromleitung hinweg gespannt. Die Antenne fiel auf die Starkstromleitung. Das Ende, das sich von der Scheune am Holzmast gelöst hatte, kam auf den Erdboden zu liegen. Von dem Gespann, das mit drei Pferden über den Hof fahren wollte, trat ein Pferd auf die Antenne, fiel sofort tot um und berührte dabei das zweite Pferd und dieses das dritte. Auch diese beiden Pferde waren sofort tot. Außer der vorschriftswidrigen Kreuzung der blanken Starkstromanlage waren noch weitere Mängel in der Antennenanlage vorhanden. Als Erdleitung diente die Posterde.

Im April 1927 ereignete sich in dem Orte R., Kreis Weststernberg, folgender Fall: Bei windigem Wetter wurde die zwischen einem Baum und dem Stall gespannte Leitung von dem Stützpunkt des Stalles abgerissen. Die Antenne hing über die isolierte Leitung. Der Rundfunkapparat in der Wohnstube fing sofort an zu brennen. Der Brand wurde rechtzeitig entdeckt, so daß ein größerer Schaden verhütet werden konnte. Als Erdleitung diente auch hier die Posterde. Die Gesamterdleitung bis zum Brunnen und auch das Erdreich, etwa 8 m, und der Pumpenschwengel wurden unter Spannung gesetzt. Nur der Zufall wollte es, daß vier Pferde, die elektrisiert wurden, als sie über die geladene Erde hinwegliefen bzw. sprangen, nicht tödlich verunglückten. Bekanntlich fällt ja ein Tier schon bei einer kleinen Spannung. Die Untersuchung ergab, daß die Isolation der Leitungen — sogenannte Kriegsleitungen — schon stark verrottet war. Jedenfalls wurde die Spannung auf den Antennenleiter übertragen. Der Fall zeigt, daß auch bei der Kreuzung isolierter Leitungen sehr vorsichtig vorgegangen werden muß. Es ist in allen Fällen nur zu raten, keine Kreuzungen mit Starkstromanlagen vorzunehmen. Soweit festgestellt werden konnte, lassen sich die Antennen immer so verlegen, daß eine Berührung der Starkstromanlagen bei Antennenbruch nicht vorkommen kann.

Leider sind auch bereits durch Berührung herabgefallener Antennen, die mit den Starkstromleitungen in Berührung kamen, tödliche Unfälle zu verzeichnen. In K. in Hessen riß bei einem Gewittersturm im August d. Js. die Antenne und wurde auf die Starkstromleitung geschleudert. Ein fünfjähriger Junge, der die unter Spannung stehende Antenne berührte, wurde getötet. Die Mutter des Knaben wurde bei dem Versuch, ihren Sohn zu befreien, durch einen heftigen Schlag ernstlich verletzt.

Ein weiterer bedauerlicher Unglücksfall ereignete sich kürzlich in L. in Mecklenburg: Ein Kutscher kam auf einem Fabrikgehöft mit einem Antennendraht einer Starkstromleitung (Lichtleitung) zu nahe und fiel tot zu Boden. Es ist bei weitem noch lange nicht genug bekannt, daß die Spannungen in den Lichtleitungen unter gegebenen Verhältnissen tödlich sind.

Zusammenfassend kann gesagt werden, daß es bei den Zuständen der vorhandenen vorschriftswidrigen Anlagen nicht verbleiben kann und daß bei Neuanlagen auf alle Fälle künftig von irgendeiner Stelle die Außenantennen auf ihre Ordnungsmäßigkeit hin geprüft werden müssen. Die Besitzer der alten Anlagen müssen aufgefordert werden, daß sie die bedenklichsten Mängel aus den Anlagen, auch aus denen, die einer Bauanzeige nicht bedürfen, zu entfernen haben.

In der Regel hört man immer wieder, daß die Vorschriften des VDE, die am 1. Oktober 1925 herausgegeben worden sind, nicht rückwirkend seien. Es wäre grundverkehrt, offensichtliche Mängel, die eine Feuers- und Unfallgefahr bedeuten, nur aus den Anlagen entfernen zu lassen, die nach dem 1. Oktober 1925 errichtet worden sind. In erster Linie sind die Anlagen daraufhin nachzusehen, daß die Antennenstützpunkte vorschriftsmäßig geerdet sind und daß die Kreuzung der Starkstromanlagen vermieden ist bzw. daß dieselbe vorschriftsmäßig vorgenommen worden ist. Bei Kreuzung von isolierten Starkstromleitungen muß geprüft werden, ob es sich um einwandfreie Isolation handelt. Aber selbst dann noch wäre den Besitzern zu empfehlen, die Kreuzung überhaupt zu vermeiden.

Ganz besonders sind die Anlagen auf dem platten Lande auf vorstehende Punkte hin nachzuprüfen, da über viele Gehöfte Kreuzungen führen und fast alle Stützpunkte vorschriftswidrig angelegt sind. Außerdem sind die Stützpunkte meist an den Giebeln befestigt, die erfahrungsgemäß am meisten von Blitzschlägen heimgesucht werden.

Es ist vielleicht jetzt noch Zeit, viele Unfälle und Schäden zu verhüten. Eine in jeder Beziehung sichere Antennen- und Rundfunkanlage kann nur der ganzen Sache dienen, während solche Fälle, wie sie vorstehend aufgeführt sind, immer abschreckend wirken.

Verlag von Julius Springer / Berlin

Auskunftsbuch für die vorschriftsgemäße Unterhaltung und Betriebsführung von Starkstromanlagen. Von Prof. Dr.-Ing. E. h. **Georg Dettmar**, Hannover. Mit 51 Abbildungen. VI, 273 Seiten. 1928. RM 9.60; gebunden RM 10.60

Wegweiser für die vorschriftsgemäße Ausführung von Starkstromanlagen. Im Einverständnis mit dem Verbande Deutscher Elektrotechniker herausgegeben von Prof. Dr.-Ing. E. h. **Georg Dettmar**, Hannover. VI, 302 Seiten. 1927. RM 7.50; gebunden RM 8.75

Erläuterungen zu den Vorschriften für die Konstruktion und Prüfung von Installationsmaterial, den Vorschriften für die Konstruktion und Prüfung von Schaltapparaten für Spannungen bis einschl. 750 Volt und den Normalien über die Abstufung von Stromstärken und über Anschlußbolzen. Im Auftrage des V. D. E. herausgegeben von Prof. Dr.-Ing. E. h. **Georg Dettmar**, Hannover. Mit 46 Textabbildungen. 202 Seiten. 1915. Unveränderter Neudruck 1922. RM 3.75

Erläuterungen zu den Vorschriften für die Errichtung und den Betrieb elektrischer Starkstromanlagen einschließlich Bergwerksvorschriften und zu den Bestimmungen für Starkstromanlagen in der Landwirtschaft. Im Auftrage des Verbandes Deutscher Elektrotechniker herausgegeben von Dr. **C. L. Weber**, Geh. Regierungsrat. Sechzehnte, nach dem Stand vom 1. Juli 1928 vermehrte und verbesserte Auflage. Mit Abbildungen. IX, 330 Seiten. 1928. Unveränderter Neudruck 1929. Erscheint Ende Mai 1929.

Isolierte Leitungen und Kabel. Erläuterungen zu den für isolierte Leitungen und Kabel geltenden Vorschriften und Normen des Verbandes Deutscher Elektrotechniker. Im Auftrage des Verbandes Deutscher Elektrotechniker herausgegeben von Dr. **Richard Apt**. Dritte, neubearbeitete Auflage. Mit 20 Textabbildungen. IX, 235 Seiten. 1928. RM 12.—; gebunden RM 13.—

Erläuterungen zu den Vorschriften für elektrische Bahnen (Bahnvorschriften). Gültig ab 1. Januar 1926. Im Auftrage des Verbandes Deutscher Elektrotechniker herausgegeben von Direktor **H. Uhlig**, Elberfeld. VI, 80 Seiten. 1927. RM 4.—; gebunden RM 5.—

Vorschriftenbuch des Verbandes Deutscher Elektrotechniker. Herausgegeben durch das Generalsekretariat des VDE. Sechzehnte Auflage. Nach dem Stande am 1. Januar 1929. IX, 910 Seiten. 1929. Gebunden RM 16.—
Vorzugspreis für Mitglieder des VDE. Gebunden RM 13.—
Ausgabe mit Daumenregister. RM 18.60
Vorzugspreis für Mitglieder des VDE. RM 15.60

Verlag von Julius Springer / Berlin

Deutschlands Großkraftversorgung. Von Dr. **Gerhard Dehne.** Zweite, neu bearbeitete und erweiterte Auflage. Mit 70 Textabbildungen. VI, 142 Seiten. 1928. RM 11.50; gebunden RM 12.50

Englische Elektrizitätswirtschaft. Von Dr. rer. pol. **Günther Brandt.** V, 112 Seiten. 1928. RM 6.—

Die Kraftübertragungsleitungen Deutschlands. Vereinigte Aluminiumwerke Aktiengesellschaft Lautawerke (Lausitz). 19 Seiten. 1927. RM 1.50

Wahl, Projektierung und Betrieb von Kraftanlagen. Ein Hilfsbuch für Ingenieure, Betriebsleiter, Fabrikbesitzer. Von Dipl.-Ing. **Friedrich Barth.** Vierte, umgearbeitete und erweiterte Auflage. Mit 161 Figuren im Text und auf 3 Tafeln. XII, 525 Seiten. 1925. Gebunden RM 16.—

Die elektrischen Einrichtungen für den Eigenbedarf großer Kraftwerke. Von Oberingenieur **Friedrich Titze.** Mit 89 Textabbildungen. VI, 160 Seiten. 1927. Gebunden RM 12.—

Elektrische Starkstromanlagen. Maschinen, Apparate, Schaltungen, Betrieb. Kurzgefaßtes Hilfsbuch für Ingenieure und Techniker sowie zum Gebrauch an Technischen Lehranstalten. Von Oberstudienrat Dipl.-Ing. **Emil Kosack,** Magdeburg. Siebente, durchgesehene und ergänzte Auflage. Mit 308 Textabbildungen. XI, 342 Seiten. 1928. RM 8.50; gebunden RM 9.50

Die Prüfung der Elektrizitäts-Zähler. Meßeinrichtungen, Meßmethoden und Schaltungen. Von Dr.-Ing. **Karl Schmiedel.** Zweite, verbesserte und vermehrte Auflage. Mit 122 Abbildungen im Text. VIII, 157 Seiten. 1924. Gebunden RM 8.40

Elektrotechnische Meßinstrumente. Ein Leitfaden von **Konrad Gruhn,** Oberingenieur und Gewerbestudienrat. Zweite, vermehrte und verbesserte Auflage. Mit 321 Textabbildungen. IV, 223 Seiten. 1923. Gebunden RM 7.—

MIX
Papier aus verantwortungsvollen Quellen
Paper from responsible sources
FSC® C105338

If you have any concerns about our products,
you can contact us on
ProductSafety@springernature.com

In case Publisher is established outside the EU,
the EU authorized representative is:
**Springer Nature Customer Service Center GmbH
Europaplatz 3, 69115 Heidelberg, Germany**

Printed by Libri Plureos GmbH
in Hamburg, Germany